Mahendrasinh Chenaji Thakor
Samarth Ramanbhai Patel
R. S. Fougat

Seleção assistida por marcadores (MAS) de teca na região do Médio Gujarat

Mahendrasinh Chenaji Thakor
Samarth Ramanbhai Patel
R. S. Fougat

Seleção assistida por marcadores (MAS) de teca na região do Médio Gujarat

Análise da diversidade genética da teca (Tectona grandis L.)

ScienciaScripts

Imprint

Cover image: www.ingimage.com

This book is a translation from the original published under ISBN 978-620-7-63894-9.

Publisher:
Sciencia Scripts
is a trademark of
Dodo Books Indian Ocean Ltd. and OmniScriptum S.R.L publishing group

120 High Road, East Finchley, London, N2 9ED, United Kingdom
Str. Armeneasca 28/1, office 1, Chisinau MD-2012, Republic of Moldova, Europe
Managing Directors: Ieva Konstantinova, Victoria Ursu
info@omniscriptum.com

Printed at: see last page
ISBN: 978-620-8-52054-0

Conteúdo

Nome dos autores
Thakor Mahendrasinh Chenaji
Dr. Samarth R. Patel
Dr. R. S. Fougat
Dr. Sushil Kumar

RESUMO

A presente experiência com teca incluiu 32 genótipos de teca selecionados de diferentes locais do centro de Gujarat. Dos 32 genótipos, 18 eram genótipos de pomares de sementes e 14 genótipos eram genótipos de crescimento natural. O objetivo da investigação era caraterizar a variabilidade fenotípica e molecular dos genótipos de teca. A investigação foi realizada no "Plant Biotechnology laboratory, Department of Agricultural Biotechnology, Anand Agricultural University, Anand, durante 2017-2018".

Dos 18 genótipos de pomares de sementes, 14 tinham aproximadamente a mesma idade, pelo que a caraterização fenotípica foi efectuada apenas para 14 genótipos de pomares de sementes. Em catorze genótipos de pomares de sementes, o diâmetro à altura do peito variou de 1,3 a 4,1 pés, com o valor médio de 2,7 ± 0,3 pés. A altura do tronco variou de 8,2 a 19,3 pés, com o valor médio de 12,5 ± 1,0 pés. Em catorze genótipos de crescimento natural, o diâmetro à altura do peito variou de 1,3 a 4,7 pés, com o valor médio de 3,2 ± 03 pés. O diâmetro à altura do peito variou de 4,4 a 14,1 pés, com o valor médio de 10,8 ± 1,0 pés.

No total, foram identificadas 28 árvores de controlo de teca em toda a região central de Gujarat. As árvores de controlo selecionadas mostraram uma expressão fenotípica notável em relação aos parâmetros selecionados durante a seleção. A média do diâmetro à altura do peito, da altura do tronco e da dispersão média da copa foi de 2,9, 11,7 e 32,9, respetivamente. De acordo com os dados fenotípicos, o GTG-32 ficou em primeiro lugar, com 4,7 pés de diâmetro à altura do peito e 46,9 pés de ACS. GTG-6 ficou em primeiro lugar com 19,3 pés de altura do tronco. Das 28 árvores de controlo, 15 árvores foram selecionadas como árvores candidatas "plus", cuja descendência pode ser utilizada diretamente pelo departamento florestal ou pelos agricultores individuais que cultivam teca para criar pomares de sementes de plântulas (SSO) ou pomares de sementes clonais (CSO) de alta produção de madeira. Estas árvores candidatas podem também ser utilizadas no programa de melhoramento da teca para um maior enriquecimento genético do germoplasma da teca.

No presente estudo, os marcadores SSR co-dominantes e os marcadores SRAP dominantes foram explorados para examinar a diversidade entre os genótipos recolhidos e para comparar o agrupamento e a diversidade.

Foi selecionado um total de 65 iniciadores SSR para estudar a diversidade genética da teca. Destes, 13 iniciadores apresentaram uma amplificação robusta. Os dados recolhidos a partir de marcadores SSR com 13 iniciadores arbitrários para 32 genótipos de teca produziram 59 alelos. O número médio de alelos por locus foi de 4,54, com um intervalo de 1 a 13. O tamanho molecular dos produtos de PCR amplificados variou de 113 pb a 592 pb. A maior frequência alélica variou de 0,16 a 1,00. O nível mais elevado de diversidade genética, isto é, 0,90, foi de observada para CIRAD1TeakG02, enquanto foi mínima 0,00 para 8 primers, embora a diversidade genética média tenha sido 0,33. A heterozigosidade variou amplamente de 0,00 a 0,38 com uma média de 0,04. No presente estudo, os valores de PIC para marcadores SSR variaram de 0,00 a 0,89. No entanto, 5 marcadores foram observados como mais informativos, como mostra o PIC de mais de 0,5. O valor do coeficiente de similaridade variou de 0,08 a 0,39, com uma média de 0,24. Trinta e dois genótipos de teca foram agrupados em três grupos principais A, B e C com 14, 9 e 9 genótipos, respetivamente. O grupo principal A continha todos os 14 genótipos de crescimento natural. Os grupos principais B e C continham 18 genótipos de pomares de semente. O que confirma o facto de se esperar que os genótipos de pomares de semente sejam mais homogéneos.

Os dados recolhidos a partir de marcadores SRAP com 11 iniciadores arbitrários para genótipos de pomares de sementes produziram um total de 43 loci. Dos 43 loci produzidos, 41 eram polimórficos, pelo que a percentagem total de polimorfismo foi de 95,3%. O número médio de loci por iniciador foi de 3,9 e o número médio de loci polimórficos obtidos por iniciador foi de 3,7. O tamanho molecular dos produtos de PCR amplificados variou de 98 pb a 1005 pb. O polimorfismo mais elevado, de 100%, foi apresentado por 10 iniciadores, enquanto o polimorfismo mais baixo, de 60%, foi observado por 1 iniciador. Os valores de PIC variaram entre 0,08 e 0,43, com uma média de 0,26. Os valores do coeficiente de similaridade variaram de 0,19 a 0,92, indicando que a distribuição da variação foi ampla. O coeficiente médio de similaridade para todos os genótipos de pomares de sementes foi de 0,55. Dos 11 marcadores SRAP, a combinação Me3 + Em2 apresentou um índice de primers máximo de 1,72, enquanto o poder de resolução foi mais elevado para a combinação Me2 + Em3 (RP = 8,11).

Os dados recolhidos a partir de marcadores SRAP com 11 iniciadores arbitrários para genótipos de crescimento natural produziram 40 loci. Dos 40 loci produzidos, 39 eram polimórficos, pelo que a percentagem total de polimorfismo foi de 97,5%. O número médio de loci por iniciador foi de 3,6 e o número médio de loci polimórficos obtidos por iniciador foi de 3,5. O tamanho molecular dos produtos de PCR amplificados variou de 98 pb a 1005 pb. O polimorfismo mais elevado de 100% foi exibido por 10 iniciadores, enquanto o polimorfismo mais baixo de 80% foi observado por 1 iniciador. Os valores de PIC variaram de 0,32 a 0,49, com uma média de 0,41. Os valores do coeficiente de semelhança variaram de 0,15 a 0,88, indicando que a distribuição da variação foi ampla. O coeficiente médio de similaridade para todos os genótipos de crescimento natural foi de 0,52. Dos 11 marcadores SRAP, a combinação de iniciadores Me5 + Em1 apresentou um índice de iniciadores máximo de 1,91, enquanto o poder de resolução foi mais elevado para a combinação de iniciadores Me3 + Em3 (RP = 6,71).

Para 18 genótipos de pomares de sementes, o marcador SRAP com 11 iniciadores arbitrários produziu um número mais elevado de loci totais 43, enquanto para 14 genótipos de crescimento natural produziu um número mais baixo de loci totais 40. Os genótipos de pomares de sementes apresentaram uma percentagem de polimorfismo inferior de 95,3%, enquanto os genótipos de crescimento natural apresentaram uma percentagem de polimorfismo superior de 97,5%. Os genótipos de pomares de sementes e os genótipos de crescimento natural amplificaram produtos de PCR que variaram entre 98 pb (Me2 + Em6) e 1005 pb (Me2 + Em5) para a mesma combinação de iniciadores. Os genótipos de pomar de sementes apresentaram um valor PIC médio inferior de 0,26, enquanto os genótipos de crescimento natural apresentaram um valor PIC superior de 0,41. Os genótipos de pomares de sementes apresentam um coeficiente de semelhança médio mais elevado, de 0,55, enquanto os genótipos de crescimento natural apresentam um coeficiente de semelhança médio mais baixo, de 0,51.

Ambos os sistemas de marcadores, *ou seja,* SSR e SRAP, podem ser utilizados eficazmente para caraterizar os genótipos de teca. Os resultados da presente investigação forneceriam diretrizes válidas para a recolha e caraterização dos recursos genéticos da teca.

RECONHECIMENTO

No início desta epístola, considero-me afortunado e muito privilegiado por ter trabalhado sob a supervisão e orientação do ***Dr. R. S. Fougat****, Chefe do Departamento, Departamento de Biotecnologia Agrícola, Universidade Agrícola de Anand, Anand, o meu principal orientador. As palavras são inadequadas para exprimir os meus sinceros e profundos sentimentos de gratidão, provenientes do mais íntimo do meu coração, pela sua orientação benevolente, supervisão meticulosa, encorajamento sincero, apreciação crítica na execução do meu trabalho e por toda a confiança que depositou na minha capacidade, principal responsável pela presente realização.*

Estou muito grato ao meu Conselheiro Menor, ***Dr. H. L. Dhaduk****, Professor e Diretor, Departamento de Investigação Associada e Chefe, Estação de Investigação de Plantas Medicinais e Aromáticas, Universidade Agrícola de Anand, Anand, pelas suas valiosas sugestões e apoio. Estou igualmente grato ao* ***Dr. Sushil Kumar****, Professor Assistente, Departamento de Biotecnologia, pela sua amável ajuda e orientação. Expresso os meus sinceros cumprimentos aos membros do meu comité consultivo,* ***Dr. D. J. Parmar****, Professor Associado, Departamento de Estatística Agrícola.*

Expresso os meus sinceros agradecimentos ao ***Dr. K. P. Patel,*** *Diretor, B. A. College of Agriculture, Anand Agricultural University, Anand e ao* ***Dr. K. B. Kathiria****, Diretor de Investigação e Decano PG, AAU, Anand, pela sua sensibilização para os valores académicos e pelo apoio moral e encorajamento contínuos durante o período de estudo.*

Os meus agradecimentos especiais ao ***Dr. Mahesh Vaja****, Professor Assistente, Departamento de Biotecnologia Agrícola, e ao* ***Prof. Amar Shakure****, Professor Assistente, Departamento de Biotecnologia Agrícola, pela sua amável ajuda e orientação durante o meu trabalho de investigação.*

O limitado mundo das palavras impede-me de exprimir o meu sentimento de dívida para com os meus amigos, cujo amor e afeto sempre me fizeram sentir em casa aqui na cidade do leite da Índia. Gostaria de agradecer ***a Kunjan, Samarth, Kunj, Rumit, Deep, Pradip, Parth, Roshan, Jayveer, JD, Chintan e Ujjaval*** *pela ajuda direta e indireta que me deram para chegar a este ponto culminante.*

Agradecimentos especiais a ***Sagida, Swati, Hetal, Dipanki****, pela sua imensa ajuda, apoio e orientações durante o meu trabalho de investigação.*

Expresso a minha especial gratidão aos meus queridos pais, ***Smt. Jayaben*** *e* ***Shri Chenajibhai****, ao meu irmão mais velho* ***Becharsinh,*** *à minha irmã mais velha* ***Madhhu*** *e à minha avó (****Smt. beniben****), sem cujo apoio moral e sacrifício, o meu sonho não se teria tornado realidade.*

Ao poder omnisciente e omnipresente do universo, o Deus todo-poderoso, por me ter abençoado com resistência e força para ultrapassar os obstáculos que se atravessaram no meu caminho e por me ter ajudado a atingir o meu objetivo. Finalmente, agradeço a todos os meus professores, amigos, familiares e simpatizantes, cujos nomes podem não ter sido mencionados aqui, mas cujos bons desejos e apoio me permitiram concluir este trabalho.

Local: Anand

Data: /   /2018

(Thakor Mahendrasinh C.)

CAPÍTULO 1

INTRODUÇÃO

1. INTRODUÇÃO

A teca (*Tectona grandis* L.) é uma espécie arbórea diploide 2n=2x=36 (Gill *et al.*, 1983) que produz uma das madeiras tropicais mais valiosas. A teca pertence à família Lamiaceae.

As flores da teca são hermafroditas (Finkeldey e Hattemer, 2007) e são polinizadas principalmente por abelhas e pequenas abelhas carpinteiras. Foram registados comportamentos de polinização cruzada e baixas taxas de sucesso em experiências de autopolinização controlada. A teca é considerada uma espécie arbórea maioritariamente auto-incompatível (Tangmitcharoen e Owens, 1997). A teca (*Tectona grandis* L.) é conhecida como uma madeira de lei aristocrática, sendo uma das madeiras mais duráveis do mundo, que pode ser utilizada para todos os fins concebíveis, como a construção de casas, navios, mobiliário, painéis, carpintaria, contraplacado e muitos outros.

A teca tem uma distribuição ampla, mas descontínua, no sul e no sudeste da Ásia. Ocorre em florestas naturais, abaixo de 1.000 m de altitude, entre 9° - 26° de latitude norte e 73° - 104° de longitude leste, o que inclui o sul e o centro da Índia, Myanmar, a República Democrática Popular do Laos e o norte da Tailândia (White, 1995). A teca ocorre naturalmente na Índia, Laos, Myanmar e Tailândia. Assim, quase metade de todas as florestas naturais de teca encontram-se em Myanmar. A teca foi introduzida em muitos países da Ásia e em alguns de África e da América. Verhaegen *et al.* (2010) sugeriram que uma possível origem das plantações africanas veio do Norte da Índia.

Em termos de países que comercializam teca, a Índia é o maior importador mundial de toros de teca. Representa cerca de 75 % do total do comércio mundial. Um estudo global recente sobre a teca realizado pela Organização das Nações Unidas para a Alimentação e a Agricultura (FAO) estimou, de forma conservadora, que a área global de florestas de teca plantadas era de 4,3 milhões de hectares em 2010, dos quais 83% na Ásia, 11% em África e 6% na América tropical e nas Caraíbas (Kollert e Cherubini, 2012).

A teca cresce em florestas decíduas secas e húmidas abaixo dos 24° de latitude norte nos estados indianos de Kerala, Tamil Nadu, Karnataka, Maharashtra, Gujarat, Andhra Pradesh, Chattisgarh, Madhya Pradesh, Rajasthan, Uttar Pradesh, Manipur e Orissa.

No sul de Gujarat, onde o clima é favorável à teca, a prevalência é claramente visível. Não foi registada nenhuma árvore com mais de 120 cm de perímetro na zona de Saurashtra - Kutch e na zona central de Gujarat, ao passo que as árvores com mais de 120 cm de perímetro no sul de Gujarat são bastante comuns. Foi registada a criação de teca em Saurashtra, no centro e no norte de Gujarat em condições de irrigação. Na zona de Gujarat do Norte, as árvores de 10 cm a 75 cm de perímetro foram encontradas de forma proeminente e extensiva. Ao mesmo tempo, as árvores da classe de perímetro de 91 cm a 120 cm no Sul de Gujarat também foram registadas como sendo muito mais altas do que noutras zonas. Esta espécie está ausente nas florestas naturais de Saurashtra e Kutch, exceto em Gir e Girnar. As pessoas preferem esta espécie para madeira, mas a escala de plantação é baixa devido ao seu longo período de rotação. Os agricultores começaram a plantar mudas de cultura de tecidos para obter um rendimento elevado nas áreas de plantação. Embora a sua população seja elevada na zona florestal, foram estimadas cerca de 99 lakh árvores de teca nas zonas não florestais, o que é ligeiramente superior à contagem anterior. O seu crescimento é lento, mas os agricultores continuam a preferir esta espécie devido à sua elevada taxa de mercado (Singh, 2013).

Apesar do seu enorme valor económico, os estudos genéticos da teca são relativamente escassos e nunca foi realizado um estudo exaustivo que incluísse populações de toda a área de distribuição natural. Tanto no que respeita à conservação dos recursos genéticos da espécie como, sobretudo, à origem das várias variedades autóctones existentes no mundo, um estudo deste tipo poderia ser benéfico.

Atualmente, as florestas naturais de teca estão a degradar-se e a esgotar-se em termos de qualidade e quantidade, estando confinadas apenas a algumas partes da Índia e de Myanmar (Gyi e Tint, 1998). Consequentemente, a gestão eficaz dos recursos genéticos da teca torna-se cada vez mais importante. Os padrões de variação genética da teca natural foram investigados em vários países (Changtragoon e Szmidt, 2000; Nicodemus *et al.* 2003; Shrestha *et al.* 2005). Recentemente, foi efectuada uma análise da variação genética em toda a área em Myanmar, o país com a maior área de floresta de teca natural.

A avaliação da variabilidade genética empregando marcadores moleculares provou ser uma pedra angular para a compreensão da constituição genómica, categorizando os genes responsáveis por caraterísticas importantes, a classificação e conservação da variação genética no germoplasma de plantas e o desenvolvimento de abordagens de proliferação selectiva para reprodução e conservação ex-situ. A diversidade genética nautral da teca da área natural e das populações introduzidas foi estudada com marcadores moleculares (Vaishnaw *et al.* 2014). Estudos baseados em técnicas altamente rigorosas de marcadores dominantes (RAPD, ISSR e AFLP) e co-dominantes (SSR) afirmam que as populações de teca têm uma variabilidade genética de 57% a 99,6% dentro da população e de 0,04% a 43% entre populações (Ansari, 2012). A teca na Índia apresenta uma elevada variabilidade, não só a nível genético (Verhaegan *et al.* 2010, Vaishnaw *et al.* 2014, Ansari 2012, Fofana *et al.* 2009, Fofana *et al.* 2013), mas também varia muito nas caraterísticas da madeira (principalmente a teca do centro e do sul da Índia). O banco de germoplasma deve ter uma coleção que abranja as várias caraterísticas da teca e deve representar também toda a variabilidade genética encontrada na população natural.

Os microssatélites, também conhecidos como repetições de sequência simples (SSR), repetições em tandem de número variável (VNTR) e repetições curtas em tandem (STR), são motivos de repetição em tandem de 1-6 nucleótidos que se encontram com elevada frequência nos genomas nucleares da maioria dos taxa (Beckmann e Weber, 1992). O comprimento de um locus de microssatélite varia tipicamente entre 5 e 40 repetições, mas são possíveis cadeias de repetições mais longas. As repetições de dinucleótidos, trinucleótidos e tetranucleótidos são as escolhas mais comuns para estudos de genética molecular. Os dinucleótidos são o tipo dominante de repetições de microssatélites na maioria dos vertebrados caracterizados até à data, embora as repetições de trinucleótidos sejam mais abundantes nas plantas (Beckmann e Weber, 1992; Kantety *et al.* 2002). Apesar do facto de o mecanismo de evolução e função dos microssatélites continuar por esclarecer, os SSR foram amplamente utilizados em muitos domínios logo após a sua primeira descrição (Litt e Luty, 1989; Tautz, 1989; Weber e May, 1989) devido à elevada variabilidade que os torna marcadores genéticos muito poderosos. Fofana *et al.* (2009) utilizaram 15 primers desenvolvidos por Verhaegen *et al.* (2005) para avaliar 166 árvores de teca distribuídas em três habitats naturais: Índia, Laos e Tailândia. Este estudo concluiu que a Índia é o principal centro de diversidade da teca, o que foi consistente com estudos anteriores que utilizaram outros marcadores.

Na última década, o marcador de polimorfismo amplificado relacionado com a sequência (SRAP) surgiu como um sistema de marcador molecular baseado em PCR útil para o estudo da diversidade e o mapeamento de ligações em várias culturas. Na teca, não existe informação disponível sobre a utilização do marcador SRAP - um marcador moderadamente codominante - para o estudo da diversidade. Por conseguinte, é a primeira vez que se efectua um estudo para avaliar a extensão da diversidade genética e a relação entre diferentes genótipos de teca utilizando marcadores SRAP.

A baixa produtividade das florestas e a considerável mudança de uso do solo, da floresta para a agricultura, resultaram no aumento da pressão biótica sobre as florestas existentes. Por conseguinte, é imperativo aumentar a produtividade das florestas e também a área arborizada para satisfazer a procura sempre crescente de todos os tipos de madeira, combustível madeira e NTFP (produtos florestais não lenhosos) no país. O aumento da produtividade, do rendimento e da qualidade da madeira exige técnicas avançadas de gestão florestal, associadas a factores de produção tecnológicos superiores. A tecnologia clonal é uma dessas opções viáveis. A plantação de plantas clonais geneticamente melhoradas pode contribuir imensamente para satisfazer a procura de madeira e de produtos à base de madeira (Lal, 2007). No processo de clonagem, a seleção de fenótipos superiores ou de árvores candidatas (CPT) é a etapa mais essencial, crítica e morosa.

A seleção dos CPT é o primeiro passo para a obtenção de material para o desenvolvimento de pomares de sementes clonais e de plântulas com fenótipos superiores. Estes fenótipos superiores podem ser selecionados pela sua superioridade num único ou em múltiplos traços de interesse num único indivíduo.

Tendo em conta todos estes factos, o presente inquérito foi realizado com os seguintes objectivos

OBJECTIVOS DO TRABALHO

1) Caracterização fenotípica e molecular de pomares de sementes de teca cultivados no centro de Gujarat

2) Caracterização fenotípica e molecular da teca que cresce naturalmente no centro de Gujarat

3) Comparação da caraterização fenotípica e molecular entre genótipos de teca em pomar de sementes e em crescimento natural

4) Identificação de árvores candidatas plus (CPTs) com base em parâmetros fenotípicos

CAPÍTULO 2

REVISÃO DA LITERATURA

2. REVISÃO DA LITERATURA

Neste capítulo, procurou-se fazer uma revisão dos trabalhos efectuados sobre "Análise da diversidade genética na teca (*Tectona grandis* L.) utilizando marcadores fenotípicos e moleculares"

A literatura foi objeto de uma análise geral relativamente aos seguintes aspectos principais

2.1 Caracterização fenotípica

2.2 Caracterização molecular

2.3 Avaliação comparativa da diversidade entre diferentes populações de teca

2.4 Identificação da árvore candidata plus

2.5 CARACTERIZAÇÃO FITOTÍPICA

Gera *et al.* (2001) estimaram a variabilidade dos caracteres de crescimento de quarenta clones de plantas de teca com três anos e meio de idade. Foram medidos quantitativamente três caracteres de crescimento, altura da planta, diâmetro do colo e percentagem de sobrevivência. Foram registadas variações significativas em todos os três parâmetros estudados. A extensão das variações nos parâmetros de crescimento altura e diâmetro do colo foi grande em comparação com a percentagem de sobrevivência. A hereditariedade máxima foi observada para a altura (85,50%), seguida do diâmetro do colo (74,02%), em comparação com 23,07% na percentagem de sobrevivência. Ambos os atributos de crescimento, ou seja, altura e diâmetro do colo, foram considerados hereditários. A altura da planta e o diâmetro do colo também registaram os maiores ganhos genéticos 46,63% e 36,83%, respetivamente.

Kokutse *et al.* (2009) compararam os desempenhos morfológicos da teca da Tanzânia com os da teca plantada desde há um século no Togo. Por exemplo, as caraterísticas dendrométricas, o índice de produtividade (Ip), a percentagem de cerne a 1,30 m de altura do caule, as propriedades físicas e mecânicas foram medidas em duas parcelas, com idade de 7 anos. Os resultados mostraram que, nesta fase de crescimento, a proveniência tanzaniana é mais produtiva (Ip = 6,75) do que a proveniência local (Ip = 6,06). A altura da teca da Tanzânia foi significativamente superior à da teca local. Por outro lado, a teca local entre as árvores dominantes apresenta um diâmetro médio Dd significativamente superior ao da teca tanzaniana. A teca da Tanzânia contém em média mais 40% de cerne do que a teca local.

Lwin *et al.* (2010) descreveram o padrão geral de variação genética entre dez proveniências de teca (*Tectona grandis* L.) em Myanmar e determinaram as fontes de sementes mais adequadas para o programa de plantação na região de Bago Yoma. A análise estatística utilizando ANOVA revelou que existiam diferenças significativas na maioria das caraterísticas medidas entre as proveniências. Os resultados mostraram que, entre as 10 proveniências, a proveniência 4 apresentou a maior média de DAP, 10,17 pés, e a menor média de DAP para a proveniência 10, com um valor de 7,41 pés. Também entre as 10 proveniências, a proveniência 4 apresentou a maior média de altura, 9,92 m, e a menor média de altura para a proveniência 8, com um valor de 7,08 m.

Chaix *et al.* (2011) estudaram a variação genética em 26 pomares de sementes clonais de teca e registaram as variáveis fenotípicas, *nomeadamente* a altura e o diâmetro à altura do peito. O pomar de sementes n.º 9430 apresentou a altura média mais elevada de 18,6 m e o pomar de sementes n.º 8841 apresentou a altura média mais baixa de 13,1 m entre os 26 pomares de sementes clonais com um valor médio de 16,5 m. Entre os 26 pomares de sementes clonais, 4 pomares de sementes clonais apresentaram o CV% mais elevado com um valor de 21% e o valor médio do CV% do total dos 26 pomares de sementes clonais foi de 14%. Para o DBH (diâmetro à altura do peito), o pomar de sementes nº 9430 também apresentou o maior DBH médio com valor de 21,1 cm e o pomar de sementes nº 8767 apresentou o menor DBH médio com valor de 13,2 cm. Entre os 26 pomares de sementes clonais, 1 pomar de sementes clonais apresentou o maior CV% com valor de 30% e o valor médio de CV% do total de 26 pomares de sementes clonais foi de 19%.

Kaushik *et al.* (2015) estudaram a variação genética e a estimativa da hereditariedade em progénies *de Jatropha curcas* L. para a produção de sementes e caraterísticas vegetativas, *nomeadamente* a altura e a dispersão da copa. Os resultados mostraram que a altura da planta variou de 283,33 a 408,33 cm com valor médio de 340,68 ± 18,03 cm e a altura máxima da planta (408,33 cm) foi registada em P-37 seguido de P-44 (393,33 cm). A dispersão mínima da copa foi registada em P-28 (275,00 cm) e a máxima em P-26 (441,67 cm) com um valor médio de 347,18 ± 24,56 cm.

Sreekanth *et al.* (2014) estudaram a variação genética e morfológica em populações naturais de teca (*Tectona grandis* L.) dos Ghats Ocidentais no Sul da Índia, associando-a a um marcador de polimorfismo de comprimento de fragmentos amplificados (AFLP) e a variáveis morfológicas de onze caracteres importantes, nomeadamente, perímetro à altura do peito (GBH), altura da árvore, altura do tronco, nós dos ramos, presença de caneluras, caule em espiral, pêlos das folhas, relação comprimento/largura das folhas, padrão de ramificação, cor da casca e forma do pecíolo para nove populações naturais. O GBH mais elevado variou entre 2400 cm e 6520 cm. O teste de Mantel para a correlação par a par entre as distâncias euclidianas de diferentes variáveis morfológicas e as distâncias genéticas dos dados AFLP revelou que apenas o carácter do pecíolo ($r = 0,269$; $p = 0,046$) e a altura da árvore ($r = 0,200$; $p = 0,001$) estavam significativamente correlacionados com a matriz de dados AFLP.

2.6 CARACTERIZAÇÃO MOLECULAR

Shrestha *et al.* (2005) avaliaram a diversidade genética em 28 genótipos de teca utilizando marcadores AFLP. Os resultados mostraram que, a partir do ADN dos 28 genótipos de teca, quatro pares de iniciadores produziram um total de 343 marcadores AFLP reprodutíveis, dos quais 282 (82%) eram polimórficos e 61 (18%) eram monomórficos. A percentagem de bandas polimórficas para uma dada combinação de iniciadores variou entre 73% (EcoRI GG + MseI ACA) e 91% (EcoRI GT + MseI CTA). A similaridade genética de todos os 28 genótipos revelada pela análise de agrupamento, dois agrupamentos principais foram observados. Entre eles, as populações tailandesas e indonésias foram agrupadas em conjunto e claramente separadas das populações indianas, com exceção das duas populações de Berbera (Orissa, Índia). A árvore UPGMA mostra uma grande quantidade de diversidade dentro da população. A variância molecular revelou que 43% da variância genética total ocorreu entre populações, e 57% ocorreu entre indivíduos dentro das populações. Da mesma forma, uma AMOVA de países revelou que 33% da variação total estava distribuída entre diferentes países, enquanto 67% ocorria entre indivíduos dentro dos países.

Verhaegen *et al.* (2005) estudaram a diversidade em 265 árvores de teca utilizando marcadores de microssatélites. Os resultados mostraram que foi detectada uma média de 14,7 alelos por locus e que a heterozigotia observada foi inferior à heterozigotia esperada. O número de alelos variou entre três e 20 por locus e foi claramente mais elevado na Índia e em África, com médias respectivas de 11,5 e 10,8 alelos, do que na Indonésia e na Tailândia-Laos, com 5,5 e 5,1 alelos, respetivamente. A heterozigotia variou entre 0,185 e 0,843, com a maioria dos valores acima de 0,60.

Narayanan *et al.* (2006) utilizaram marcadores RAPD e ISSR para estudar o polimorfismo do

ADN de mais 48 árvores de teca. Em geral, o germoplasma apresentou um nível muito elevado de diversidade molecular e polimorfismo do ADN. A diversidade molecular baseada nos coeficientes de similaridade de Jaccard entre 48 árvores variou entre 0,31 e 0,85 no ensaio RAPD e entre 0,27 e 0,88 no ensaio ISSR. Os primers RAPD e ISSR amplificaram 93,2% e 95,9% dos loci polimórficos, respetivamente. O RAPD amplificou loci de grande dimensão, ou seja, 500 a 11000 pb, e o ISSR, de pequena dimensão, ou seja, 70 a 8900 pb.

Fofana *et al.* (2009) estudaram a variabilidade genética e a estrutura de 166 árvores de teca distribuídas por toda a área natural de teca utilizando quinze marcadores de microssatélites. Os resultados mostraram que o número de alelos por locus variava de 3 a 19. O número de alelos raros variou de 0 a 9 para os loci 1TG02 e 4TD12, respetivamente. Os valores da heterozigotia observada (Ho) e da heterozigotia esperada não enviesada (Hnb) variaram entre 0,24 e 0,82 e entre 0,28 e 0,86 para os loci 1TG02 e 1TH10, respetivamente. Todos os loci apresentaram um défice de heterozigotia. Na amostra estudada , foram encontrados mais de 10 alelos por locus, com exceção dos loci 3TD09 (7) e 1TG02 (3). A riqueza alélica variou entre 1,83 e 5,25 para todos os loci. O número médio de alelos por locus e por população (A) variou de 2,07 a 7,67, enquanto a riqueza alélica (R) variou de 1,94 a 4,46.

Balasundaran *et al.* (2010) avaliaram a diversidade genética em cento e oitenta genótipos de teca de 9 populações de teca de florestas naturais dos Ghats Ocidentais utilizando marcadores AFLP. Os resultados mostraram que, ao nível da população, o polimorfismo variava entre 56,84% e 87,97%. Do mesmo modo, o índice de diversidade genética de Nei (h) variou de 0,1387 a 0,2449. A diversidade genética e a percentagem de loci polimórficos para Konni e Wayanad foram quase semelhantes e estas duas populações de Kerala apresentaram a diversidade genética mais elevada. As populações de Karnataka apresentaram o índice de diversidade genética mais baixo, variando de 0,1387 a 0,1605, e a percentagem de loci polimórficos variando de 56,84 a 68,42. As distâncias genéticas padrão entre todas as comparações entre pares de populações variaram de 0,0554 a 0,1166. O dendrograma mostrou dois grupos principais com separação clara. O maior agrupamento incluía todas as populações de Kerala e a população de Tamil Nadu, enquanto o segundo agrupamento incluía as populações de Karnataka e as florestas naturais de Virnoli.

Balasundaran *et al.* (2010) estudaram a diversidade genética em oitenta genótipos de teca de quatro áreas de produção de sementes utilizando 10 iniciadores AFLP. Os resultados mostraram que 602 bandas de ADN foram marcadas para análise estatística. O polimorfismo foi muito pronunciado, com 100 por cento de marcadores polimórficos em todos os dez iniciadores. A percentagem de loci polimórficos (ppl) variou de 74,42 a 84,06. A diversidade genética (h) variou entre 0,1692 e 0,2034. O dendrograma UPGMA mostrou dois grupos principais com as ZPE de Nilambur e Konni num grupo, enquanto Parambikulam e Wayanad formaram outro grupo. A diversidade genética (h) estimada para as plantações de produção de sementes foi geralmente fraca, variando entre 0,16 e 0,20 nas quatro ZPE de quatro zonas geográficas.

Balasundaran *et al.* (2010) estudaram a diversidade genética em 31 clones de teca utilizando 10 primers AFLP. Os resultados mostraram que o número total de bandas de ADN formadas a partir de 31 clones foi de 653, das quais 651 eram polimórficas (99,69%). Ao nível da população, ou seja, considerando os clones da mesma localização geográfica de origem como grupos separados, a percentagem de polimorfismo variou de 71,67% (Arienkavu) a 86,37% (Nilambur). O índice de diversidade genética (h) variou de 0,2007 (Areinkavu) a 0,2208 (Nilambur). A distância genética variou de 0,0120 (entre Nilambur e Konni) a 0,0251 (entre

Konni e Areinkavu).

Ansari *et al.* (2012) estudaram a diversidade genética em vinte e nove populações de teca utilizando marcadores de microssatélites. Os cinco marcadores ISSR mostraram 100% de polimorfismo, amplificaram 43 bandas polimórficas em 29 populações de teca, com uma média de 8,6 bandas por primer. A distância genética média entre as populações variou de 0,004 a 0,174, com uma média de 0,062. A UBC-900 registou a maior diversidade genética de Nei (0,32 a 0,40) e a UBC-899 teve o maior índice de informação de Shannon (0,49 a 0,59). A AMOVA revelou uma diversidade genética intrapopulacional muito alta (91%), em comparação com a diversidade genética interpopulacional entre estados (6,17%) e dentro dos estados (2,77%). O dendrograma UPGMA revelou três grupos, separando a teca húmida de Karnataka e Kerala da teca seca de outros estados.

Fofana *et al.* (2013) estudaram o desempenho de diferentes marcadores moleculares na avaliação da estrutura populacional detetada utilizando amostras de 229 genótipos de teca. Para os 15 loci microssatélites, foram observados 189 alelos diferentes com uma média de 12,6 alelos por locus. E para os primers AFLP, a média de bandas polimórficas amplificadas por combinação de pares de primers em todas as populações variou de 33 a 75. A percentagem de bandas polimórficas para a combinação de primers AFLP varia de 16% a 38%. Uma análise da variância molecular revelou que 12,6% da variância genética total ocorreu entre grupos, 15,5% entre populações dentro de grupos e 71,9% ocorreu entre indivíduos dentro de populações.

Prinz & Finkeldey (2014) estudaram a variação genética em 16 populações de teca usando dez marcadores microssatélites. O número de alelos variou de 10 a 35. A heterozigosidade esperada (HE) variou de 0,362 a 0,867, enquanto a heterozigosidade observada (HO) variou de 0,314 e 0,786. Todos os loci apresentaram défices de heterozigotia que variaram de f=0,094 em C03 a f=0,248. As estimativas das frequências de alelos nulos em todos os loci variaram de 0,049 a 0,1487. O número de alelos por população

(A) variou de 5,3 a 8,1, enquanto a riqueza alélica (AR) variou de 5,1 a 7,6. Todas as estimativas de diversidade genética da teca na população de Myanmar (A=6,8, HE=0,586, HO=0,564) foram inferiores às da população do Benim (A=7,9, HE=0,643, HO=0,642).

Alcantara & Veasey (2013) caracterizaram a diversidade genética de 60 genótipos de teca utilizando dez primers microssatélites. Os resultados mostraram que dentre os dez primers, nove loci polimórficos foram utilizados para a análise estatística, devido ao fato do locus CIRAD1TeakG02 ser monomórfico. Quanto ao número de alelos por locus, o locus 2 (CIRAD1TeakH10) apresentou o maior valor (7,0), e o locus 5 (CIRAD3TeakDa09) apresentou o menor (3,0). O número médio de alelos por locus foi de 5,0. A heterozigotia esperada variou entre 0,298 para o locus 1 (CIRAD1TeakF05) e 0,751 para o locus 2 (CIRAD1TeakH10), com uma média de 0,46. A heterozigosidade observada variou de 0,10 para os loci 5 (CIRAD1TeakDa09) e 7 (CIRAD4TeakDa12) a 0,5 para o locus 2 (CIRAD1TeakH10), com valor médio de 0,276. Os valores de PIC variaram de 0,387 a 0,730, com uma média de 0,490. A AMOVA para os dois grupos encontrados nesta análise mostrou que a diversidade dentro dos grupos (73%, $P<0,001$) foi maior do que a diversidade entre os grupos (27%, $P<0,001$).

Vaishnaw *et al.* (2014) utilizaram cinco combinações de primers de polimorfismo de comprimento de fragmentos amplificados (AFLP) para analisar a diversidade genética, a diferenciação e a estrutura de 96 genótipos de teca de 10 locais naturais na Índia. Cinco combinações diferentes de primers AFLP detectaram um total de 284 loci, incluindo 241 loci polimórficos, ou seja, 48,2 loci por combinação em 96 genótipos. A combinação de primers E-AAC X M-CAT amplificou o número máximo de loci polimórficos (PL) e apresentou também o valor mais elevado para o poder de resolução (RP), mas pode resultar numa baixa percentagem de loci polimórficos (PPL). Por outro lado, a combinação de primers E-ACC X M-CTA apresentou os valores mais baixos de PL e RP, mas gerou o valor máximo de PPL. O dendrograma mostrou que as localizações de teca na Índia se dividem em dois grupos apoiados por valores de bootstrap muito elevados. O agrupamento "A" incluiu os genótipos da Índia Central e o agrupamento "B", os genótipos da Índia Peninsular.

Huang *et al.* (2016) estudaram a variação genética, a estrutura e a origem genética utilizando marcadores SSR para 420 indivíduos pertencentes a 18 proveniências de teca nativa dos quatro países distribuídos Índia, Myanmar, Tailândia e Laos. Os resultados mostraram que, o valor PIC em todas as proveniências para cada um dos 15 loci SSR variou de 0,22 a 0,81, com um valor PIC médio em todos os loci SSR e todas as proveniências foi de 0,56. O número médio de alelos (NA) para cada proveniência foi gerado entre 3,27 e 11,60, com uma média de 6,04 alelos por proveniência. A diversidade genética não enviesada (Hz) variou de 0,4692 a 0,8523, com um valor médio de 0,6612 em todos os 15 loci de microssatélites. A heterozigosidade observada (Ho) variou de 0,5302 a 0,7451, com um valor médio de 0,6444. A distância genética variou de 0 a 1,32. A identidade genética variou de 0,27 a 1,01.

Hansen *et al.* (2015) utilizaram marcadores de ADN microssatélites para analisar a diversidade genética e a estrutura genética da população de proveniências de teca originárias da costa leste semi-húmida da Índia. A análise de variância molecular (AMOVA) forneceu um valor Fst global altamente significativo de 0,227 valores Fst em pares da população estavam na faixa de 0,01 a 0,48. Aplicando o parâmetro de diferenciação Gst, a diferenciação global estimada foi de 0,632, o que implica uma forte estrutura genética entre as populações. Uma árvore de união de vizinhos (NJ), utilizando como entrada a matriz de valores Gst das populações aos pares, continha três grupos distintos: (1) as oito proveniências da Tailândia e do Laos, (2) as proveniências indianas do interior seco e da costa ocidental húmida e (3) as proveniências do norte de Mianmar.

Huang *et al.* (2016) desenvolveram uma técnica de impressão digital baseada no ADN para a teca com 15 marcadores de microssatélites, com base em 26 clones de teca amplamente cultivados. Todos os 15 loci de marcadores eram polimórficos. Um total de 160 alelos distintos foram gerados com uma média de 10,67 alelos por locus. O número de alelos por locus variou de 4 no locus AJ968938 a 17 no locus AJ511753. O tamanho do alelo variou entre 110 pb no locus AJ968934 e 271 pb nos locus AJ968935 e AJ968936. A frequência de ocorrência de um alelo foi muito variável, indo de 1,92 a 62,50%. Todos os SSRs amplificaram alelos únicos que apareceram apenas uma vez em todo o conjunto de clones, variando de 1 (AJ968931, AJ968933, AJ968938 e AJ968941) a 8 (AJ968934) e atingindo um total de 51 (31,875%). Além disso, a heterozigosidade observada variou de 0,3333 no AJ968930 a 1,0000 no AJ511753 em todos os clones, com um valor médio de 0,6567 em todos os 15 loci de microssatélites. O valor médio de PIC para os 15 loci SSR foi de 0,7687 e o valor de PIC variou de 0,4855 para AJ968938 a 0,8929 para AJ511753 entre os 26 clones de teca. Especificamente, 11 deles foram classificados como úteis para o mapeamento genético (PIC > 0,7). As distâncias genéticas variaram de 0,033 entre o clone 7114 (Stuart Mt., Tamilnadu, Índia) e o clone 108 (Guangzhou, China) a 1,000 (Tabela 4).

O dendrograma mostrou que foram reconhecidos três agrupamentos dos 26 clones de teca. O primeiro grupo era constituído pelos clones 1 a 11 (Índia), bem como pelos clones 24

(Gambari, Nigéria) e 26 (Guangzhou, China). O segundo grupo incluía os genótipos 13 a 23 (Myanmar), bem como o clone 25 (Ledong, Hainan, China) e o clone 12 (Virnoli, Mysore, Índia) estava sozinho no terceiro grupo.

Mahesh *et al.* (2016) caracterizaram 118 rametes representando 48 árvores de teca plus através de marcadores de microssatélites. Os resultados mostraram que o número de alelos detetados entre os 27 marcadores variou de 2 a 7. A heterozigosidade esperada dos primers variou de 0,22 a 0,47, com valor médio de 0,33. A heterozigosidade observada dos primers foi encontrada com valor médio de 0,2. Com um valor médio de 1,05, o poder de resolução variou de 0,2 a 5,42. Também os valores PIC dos primers variaram de 0,2 a 0,36 com valor médio de 0,27. O iniciador Tg-11 apresentou os valores mais elevados não só para a diversidade genética e a heterozigotia, mas também para o poder de resolução e o PIC. A AMOVA resultou em valores moderados de variação genética. Foram encontrados 7,54% de variação entre as populações e 92,46% de variação dentro das populações do banco de germoplasma. O dendrograma NJ revelou que, de 118 rametes pertencentes a 48 árvores, 35 rametes foram agrupados exatamente de acordo com a sua origem parental/órgão.

2.7 COMPARATIVO COMPARATIVA DA DIVERSIDADE ENTRE DIFERENTES POPULAÇÕES DE TECA

Lyngdoh *et al.* (2013) estudaram a diversidade genética em populações não melhoradas e melhoradas de teca usando 10 primers ISSR. Observaram que 10 primers ISSR geraram um total de 75 fragmentos para as 15 populações de teca (sete parentais e oito progenitoras). O número de fragmentos por iniciador variou entre 5 e 9. Os povoamentos não melhorados de Verrampali (região norte) e do sítio de Kunehusur (região central) registaram valores mais baixos no que diz respeito tanto à percentagem de loci polimórficos como ao índice de Shannon (56,00%, 0,272; 50,67%, 0,256, respetivamente) em comparação com as respectivas populações melhoradas, ou seja, as ZPE (61,33%, 0,293; 56,00%, 0,280, respetivamente).

Gailing & Finkeldey (2016) estudaram a diversidade genética e a estrutura da teca (*Tectona grandis* L.) e do dahat (*Tectona hamiltoniana* Wall.) com base em microssatélites e marcadores de polimorfismo de comprimento de fragmentos amplificados. As estimativas de diversidade genética para *T. grandis* (PPL = 94,2%, Hj = 0,318) foram ligeiramente superiores às de *T. hamiltoniana* (PPL = 90,4%, Hj = 0,305). A diversidade genética de Nei (Hj) e a porcentagem de loci polimórficos (PPL) em *T. grandis* variaram de 0,280 a 0,357 e de 88,4 a 98,6%, respetivamente. A diversidade genética em *T. grandis* foi a mais baixa em Tg_KP (Hj = 0,280, PPL = 88,4%) e a mais alta em Tg_BG (Hj = 0,357, PPL = 98,6%). A diversidade genética de *T. hamiltoniana* variou apenas ligeiramente entre as populações. A população Th_KP apresentou a menor variação geral (Hj = 0,292, PPL = 87,0%) comparável às amostras de *T. grandis* do mesmo local, população Tg_KP. A diferenciação genética entre as populações *de T. grandis* e entre as populações de *T. hamiltoniana* foi de 0,080 e 0,047, respetivamente, e a estimativa do fluxo genético derivado foi de 5,77 e 10,24, respetivamente, migrantes por geração. Excluindo a população Tg_KP da zona seca, as estimativas de diferenciação genética e fluxo de genes entre as três populações *de T. grandis* de Bago Yoma (NM = 10,42, Gst = 0,046) foram muito semelhantes às das populações de *T. hamiltoniana* (NM = 10,24, Gst = 0,047). A diferenciação genética entre as populações *de T. grandis* (5,61%) foi ligeiramente superior à das populações de *T. hamiltoniana* (2,65%).

2.8 IDENTIFICAÇÃO DA ÁRVORE CANDIDATA PLUS

Sabe-se que os programas convencionais de melhoramento da teca conseguem um ganho genético notável de cerca de 15 a 25 por cento em volume e em forma de árvore (Kjaer *et al.*,

2000). Wellendorf e Kaosa-ard (1988) estimaram em 5-12% o possível ganho de volume com a utilização de sementes provenientes de áreas de produção de sementes. Kjaer e Foster (1996) estimaram o ganho de um ciclo de reprodução convencional, que provavelmente excede 10% em comparação com a utilização das melhores fontes de sementes disponíveis nas ZPE. Uma vez que o diferencial de seleção é um dos dois factores que determinam o ganho genético ou o sucesso do trabalho de melhoramento, os critérios de seleção intensiva para árvores plus aumentam definitivamente o possível ganho genético.

Wellendorf & Kaosa-ard (1988) descreveram em pormenor a estratégia de melhoramento da teca na Tailândia. Foram realizadas duas rondas de seleção de árvores plus. Foram selecionados 100 clones durante os primeiros anos de melhoramento de árvores. Aproximadamente 60 desses clones foram propagados por brotamento em larga escala, e um total de 1.830 ha de CSOs foram estabelecidos. A maioria (90%) das OSCs foram estabelecidas pela RFD em cinco centros regionais de OSCs, e o restante principalmente pela FIO. Mais 300 clones foram selecionados numa segunda ronda de seleção e incluídos na população de reprodução a longo prazo. Foram criados bancos de clones no TIC, bem como nos cinco centros regionais de OSC. O primeiro de três novos pomares de sementes de reprodução (BSOs), cada um contendo 100 clones, foi estabelecido. Os quatro BSOs foram replicados em quatro locais.

Kumar *et al.* (2003) selecionaram um total de 60 árvores plus de *G. arborea* dos estados de Assam, Arunachal Pradesh e Mizoram utilizando o método de seleção por pontos. Os resultados mostraram que a altura, gbh e cbh das árvores "plus" da região nordeste variavam entre 18-34, 0,70-1,62 e 12-26 m contra 12-32, 0,56-1,72 e 1-25 m nas árvores de comparação, respetivamente. Em geral, os valores de CV para altura, gbh e cbh nas árvores de comparação foram mais elevados do que nas árvores "plus" em todos os estados e na região nordeste. As percentagens de melhoria das árvores "plus" em relação às árvores de comparação foram, em média, de 18,72, 20,68 e 46,48% em todos os locais, respetivamente. As árvores "plus" selecionadas de Arunachal Pradesh mostraram uma melhoria máxima para cbh (67,28%) e gbh (31,52%), enquanto as de Mizoram, para a altura (22,74%). Em contraste, as árvores plus de Assam mostraram uma melhoria mínima para a altura (13,93%) e cbh (26,27%).

Palanisamy *et al.* (2008) efectuaram uma experiência sobre a viabilidade de estabelecer plantações clonais de teca com clones de elevado rendimento para aumentar a produtividade. Em Nilambur, a altura das árvores selecionadas variou entre 23 e 35 m, enquanto o GBH variou entre 110 e 220 cm. As árvores em Trichur tinham alturas e CAP inferiores, ou seja, 17-29 m e 132-168 cm, respetivamente. As árvores selecionadas em Panayancode apresentavam uma altura máxima de 32-35 m. Havia 24 árvores com alturas nitidamente superiores de 30-35 m e 23 árvores com um GBH substancialmente superior de 150-220 cm. Destas, 13 tinham altura e GBH superiores, utilizados em programas de plantação clonal para aumentar o ganho genético. Neste estudo, as 41 árvores selecionadas nas plantações estavam na intensidade de seleção de 0,3 a 0,5%. O aumento médio da altura, da CAP e da altura livre do fuste das árvores selecionadas foi de 19,5, 26,7 e 31,9%, respetivamente, em comparação com as árvores de comparação.

Raut *et al.* (2010) identificaram árvores candidatas e a variabilidade da fonte de sementes em *Pongamia pinnata* L. e Karanj (*Pongamia pinnata* L.). As populações foram objeto de um inquérito na região de Konkan para identificar as CPT de *P. pinnata*. Entre estes, foram selecionados 20 candidatos e uma árvore da região de Konkan, em Maharashtra. A análise de variância indicou que havia uma variação significativa entre as 20 árvores candidatas e mais árvores para todos os caracteres de vagem e semente estudados. O comprimento máximo da vagem (69,69 mm) foi observado na KKVPP-10 e o mínimo (41,50 mm) na KKVPP15 A espessura da vagem também variou significativamente entre todas as CPTs. O peso médio das vagens variou de 2,80 g no KKVPP-15 a 7,64 g no KKVPP-4. O valor máximo para o comprimento da semente (27,75 mm) foi observado no KKVPP-2. O peso médio máximo da semente (3,18 g) foi registado nas sementes colhidas no KKVPP-4. A espessura da semente variou de 5,00 em KKVPP- 3 a 10,00 em KKVPP-4. O teor de óleo variou de 31,17% a 42,00%.

Navhale *et al.* (2011) selecionaram um total de quarenta genótipos de *Chebulic myrobalan* da zona próxima de Dapoli, Burondi, Wakawali, Murud e Anjarla, tendo observado uma ampla gama de variações nos caracteres morfológicos, *nomeadamente* altura da árvore (3,50 a 15,00 m), diâmetro da copa (3,20 a 10,00 m), diâmetro na base (49,00 a 147,00 cm), diâmetro no peito (44,00 a 126,00 cm), circunferência na base (65,00 a 180,00 cm), circunferência no peito (49,00 a 165,00 cm). Variação significativa também foi observada para os parâmetros do fruto viz, peso do fruto fresco (6,32 a 10,42 g), diâmetro do fruto (0,98 a 1,84 cm), comprimento do fruto (1,82 a 3,54 cm), peso da polpa do fruto (3,58 a 7,32 g), peso do fruto seco (2,60 a 5,28 g), peso da semente (3.04 a 6,38 g), teor de humidade (23,94 a 52,60%), SST (8,04 a 13,94%), acidez (1,23 a 2,65%), açúcar total (3,25 a 5,14%), açúcar redutor (1,88 a 3,84%) e açúcar não redutor (0,74 a 2,08%). Com base nos diferentes caracteres, 4 árvores WR-4, CR-1, VR-2 e BR-12 foram selecionadas como CPTs em *Chebulic myrobalan*.

Chauhan & Gera (2012) selecionaram os CPT de seis espécies agro-florestais de crescimento rápido no Estado de Punjab. No total, 19, 16, 15, 14, 8 e 11 CPT de *Eucalyptus spp.*, *Dalbergia sissoo, Albizia procera, Acacia catechu, Azadirachta indica* e *Melia composita*, respetivamente, basearam-se na expressão fenotípica durante a seleção. Em *Eucalyptus spp.*, observou-se o maior índice de superioridade de 138%, em *Dalbergia sissoo* o maior índice de superioridade de 131% observado para dois CPTs, em *Albizia procera* o maior índice de superioridade de 116% observado, em *Acacia catechu* o maior índice de superioridade de 99% observado, em *Azadirachta indica* o maior índice de superioridade de 154% observado e em *Melia composita* o maior índice de superioridade de 84% observado.

Kokutse *et al.* (2016) selecionaram árvores mais com base nas caraterísticas dendrométricas e nas propriedades da madeira em plantações de teca no Benim e no Togo. No Togo, o incremento anual de altura (AHI) variou de 0,66 m/ano, o incremento anual de circunferência (ACI) variou de 2,5 cm/ano e a altura do tronco variou de 9,7 m a 12,6 m. No Benim, o incremento anual de altura variou de 0,92 m/ano a 0,99 m/ano, e os incrementos anuais de circunferência variaram de 3,5 cm/ano a 4,2 cm/ano. A altura média do tronco foi de 10,3 m em Agrimey e de 11,3 m em Koto. Os resultados mostraram que no Togo, a variabilidade inter-árvores nas florestas foi relativamente elevada para a altura anual (0,81 ± 0,27 m) e incrementos anuais de circunferência (2,95 ± 1,02 cm) e para a altura dos troncos (10,64 ± 3,51 m). No Benim, embora o desempenho dendrométrico das árvores não tenha variado significativamente entre as florestas, os valores do coeficiente de variação foram mais elevados (40%) para a altura dos troncos (10,99 ± 3,80 m) na floresta de Koto. Os critérios dendrométricos utilizados para selecionar 67 TPCs no Togo e 18 no Benim.

Paray *et al.* (2017) selecionaram 100 árvores candidatas de *Salix alba* de vinte locais nos dois distritos selecionados do vale de Caxemira, seguindo o método de comparação de árvores. As caraterísticas das árvores utilizadas para a seleção dos CPT foram a altura, o DAP, o volume, a altura do tronco e o diâmetro da copa. A percentagem de superioridade destas árvores candidatas selecionadas de *Salix alba* em relação às respectivas árvores de controlo variou entre 20,2% e 44,0% em altura, 35,9% e 55,0% em DAP e 150,4% e 201,2% em volume, respetivamente.

CAPÍTULO 3

MATERIAL
E
MÉTODOS

3. MATERIAL E MÉTODOS

O estudo sobre "Análise da diversidade genética na teca (*Tectona grandis* L.) utilizando marcadores fenotípicos e moleculares" foi realizado no laboratório de biotecnologia vegetal, Departamento de Biotecnologia Agrícola, Universidade Agrícola de Anand, Anand, durante 2017-2018.

O estudo foi realizado utilizando processos de recolha de genótipos, caraterização fenotípica, seleção de árvores candidatas e caraterização genotípica. Foram pesquisados diferentes locais do centro de Gujarat para a seleção de genótipos de teca. Com base na caraterização fenotípica, foram selecionados os melhores genótipos de teca. Foram recolhidas amostras de folhas dos genótipos de teca selecionados.

3.1 MATERIAIS EXPERIMENTAIS

Foram selecionados principalmente dois tipos de genótipos para a presente experiência.

3.1.1 Genótipos de pomares de sementes

18 genótipos de pomares de sementes de teca selecionados para a presente experiência. Entre os 18 genótipos de pomares de sementes, 14 genótipos têm aproximadamente a mesma idade, exceto quatro genótipos que são GTG-12, GTG-16, GTG-17 e GTG-18.

3.1.2 Genótipos de crescimento natural

Foram selecionados para a presente experiência 14 genótipos de teca de crescimento natural. Estes genótipos de teca estavam a crescer naturalmente em diferentes locais do centro de Gujarat, sem qualquer gestão humana. Dado que estes genótipos de teca se encontravam em crescimento natural, havia diferenças na idade destes genótipos.

Quadro 3.1 Lista de genótipos de teca para pomares de semente

N.º Sr.	N.º de aceso	Local de recolha
1	GTG-1	Vavdi khurd, Panchmahal
2	GTG-2	Godhra, Panchmahal
3	GTG-3	Sevalia, Kheda
4	GTG-4	Gohilpura, Baroda
5	GTG-5	Fajalpur, Baroda
6	GTG-6	BACA, AAU, Anand
7	GTG-7	Quinta Agronómica, AAU, Anand
8	GTG-8	Uttarsanda, Nadiad
9	GTG-9	Uttarsanda, Nadiad
10	GTG-10	Lambhvel, Anand
11	GTG-11	Lambhvel, Anand
12	GTG-12	NDDB, Anand
13	GTG-13	Valasan, Anand
14	GTG-14	Dharmaj, Anand
15	GTG-15	Dharmaj, Anand
16	GTG-16	Pawagarh, Panchmahal
17	GTG-17	Pawagarh, Panchmahal
18	GTG-18	Pawagarh, Panchmahal

Quadro 3.2 Lista de genótipos de teca de crescimento natural

N.º Sr.	N.º de acesso	Local de recolha

1	GTG-19	Timba, Panchmahal
2	GTG-20	Veganpur, Panchmahal
3	GTG-21	Godhra, Panchmahal
4	GTG-22	Dakor, Kheda
5	GTG-23	Ramoli, Baroda
6	GTG-24	Dashrath, Baroda
7	GTG-25	Kanjari, Kheda
8	GTG-26	Boriavi, Anand
9	GTG-27	Borsad chokdi, Anand
10	GTG-28	Piplod, Dahod
11	GTG-29	Limkheda, Dahod
12	GTG-30	Tarapur, Anand
13	GTG-31	Sojitra, Anand
14	GTG-32	V.V.Nagar, Anand

***GTG - Gujarat *Tectona grandis* L.**

3.2 CARACTERIZAÇÃO FENOTÍPICA

3.2.1 Diâmetro à altura do peito (ft.)

O diâmetro à altura do peito ou DAP é um critério fenotípico padrão para expressar o diâmetro do tronco ou do fuste de uma árvore em pé. Para o DBH, o tronco da árvore foi medido em pés por uma fita métrica flexível a 1,3 m acima do nível do solo para 28 genótipos dos 32 genótipos selecionados. (Figura 3.2)

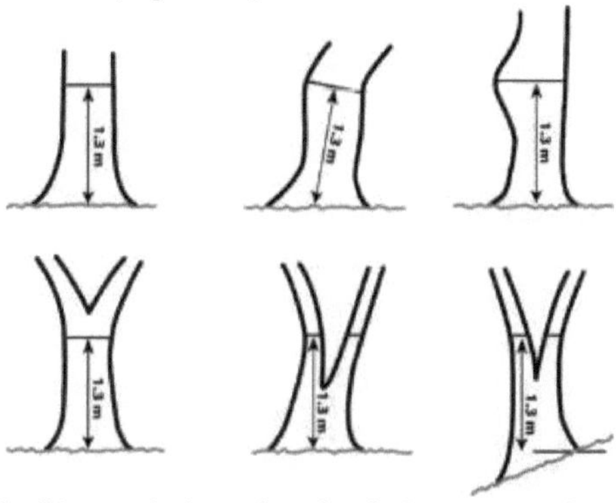

Figura 3.2: Medição do diâmetro à altura do peito de árvores com formas diferentes

3.2.2 Altura do Bole (ft.)

Para a medição da altura do tronco, a distância entre o nível do solo e o ponto da copa foi medida em pés com uma fita métrica flexível. (Figura 3.3)

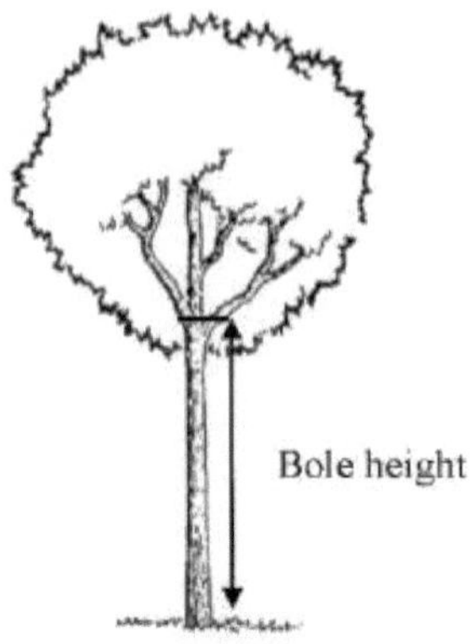

Figura 3.3: Medição da altura do tronco das árvores

3.2.3 Espalhamento médio da copa (ft.)

A extensão da copa ou a distância entre as pontas dos ramos foi medida com a ajuda de uma fita métrica flexível em pés. Foram efectuadas duas medições; a primeira medindo a maior extensão da copa e a segunda a 90 graus da primeira medição. A média destas duas medições constitui a dispersão média da copa. (Figura 3.4)

A (maior extensão) + B (extensão transversal) Extensão média da coroa = -- -

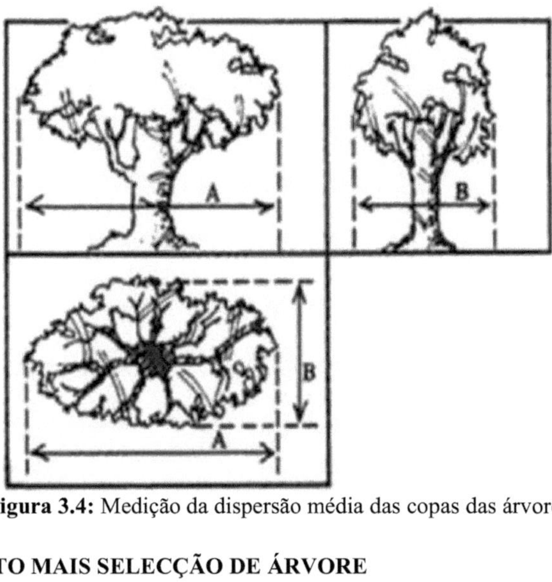

Figura 3.4: Medição da dispersão média das copas das árvores

3.3 CANDIDATO MAIS SELECÇÃO DE ÁRVORE

Chauhan *et al.* (2010) desenvolveram um procedimento e critérios para a seleção dos CPT de espécies agro-florestais no Estado de Punjab. A superioridade da taxa de crescimento dos CPT selecionados foi comparada com a média das árvores de controlo circundantes e foram atribuídas pontuações a cada CPT selecionado para vários parâmetros silviculturais, indicando maior produtividade e boa saúde. O mesmo procedimento foi realizado para a seleção de árvores candidatas na presente experiência.

3.3.1 Procedimento de seleção dos TPC

Uma vez que os CPT são a base do programa de melhoramento de árvores, é necessário atribuir uma prioridade elevada. Os CPTs foram selecionados a partir da população com idade próxima de metade da idade de rotação **de 20 anos** da espécie. Os critérios de seleção dos TPC variam de espécie para espécie, mas muitas das caraterísticas básicas permanecem as mesmas. No presente estudo, foram utilizados para a teca.

1. Os indivíduos com doenças, ramos mortos ou atacados por qualquer agente patogénico ou praga foram rejeitados na fase inicial da seleção.
2. As principais caraterísticas consideradas para a seleção do CPT para fins de madeira foram a retidão, o fuste cilíndrico, o fuste não bifurcado, o fuste não torcido, a ausência de contrafortes e de ranhuras e a conicidade mínima.
3. A árvore selecionada deve dominar a altura e o diâmetro em comparação com as árvores de controlo circundantes da mesma espécie e idade. O objetivo é que o indivíduo selecionado tenha um crescimento rápido, uma copa bem formada, uma capacidade de poda natural e esteja isento de pragas e doenças.
4. Os CPTs não foram selecionados demasiado próximos uns dos outros para evitar a proximidade genética. Após a seleção dos CPT, foi gerado um índice de pontuação para cada indivíduo selecionado.
5. A pontuação foi atribuída com base em parâmetros físicos selecionados, nomeadamente a altura, o diâmetro à altura do peito, o volume, a dispersão da copa, a retidão do tronco, a capacidade de poda natural e o número de ramos.
6. A pontuação para todos estes parâmetros foi calculada separadamente. Se uma árvore candidata para qualquer um dos parâmetros selecionados for inferior às árvores de controlo, a pontuação foi deduzida na mesma escala e é adicionada quando a árvore candidata é superior às árvores de controlo.
7. No entanto, uma árvore candidata com uma pontuação negativa em qualquer um dos parâmetros não é normalmente aceitável, exceto em determinadas condições especiais.

Nota: Além disso, se não existirem árvores de comparação adequadas nas proximidades, não há critérios para avaliar a árvore candidata e, por conseguinte, as árvores superiores podem ser ignoradas.

3.3.2 Critérios de seleção dos TPC

3.3.2.1 Diâmetro à altura do peito (ft.)

Para a superioridade do diâmetro à altura do peito, a pontuação foi calculada da seguinte forma: se a superioridade do DAP da árvore de controlo selecionada em relação à média das árvores de controlo fosse inferior a 10%, era atribuída uma pontuação de 0; se estivesse entre 11-12%, era atribuída uma pontuação de 1; se estivesse entre 13-14%, se entre 13-14%, foi atribuída a pontuação 2, se entre 15-16%, foi atribuída a pontuação 3, se entre 17-18%, foi atribuída a pontuação 4, se entre 18-19%, foi atribuída a pontuação 5, se 20%, foi atribuída a pontuação 6 e se mais de 20%, foi atribuída a pontuação 7.

3.3.2.2 Altura do fuste (ft.)

Para a superioridade da altura do tronco, a pontuação foi calculada da seguinte forma: se a altura do tronco da árvore de controlo selecionada em relação à média das árvores de controlo fosse inferior a 10%, era atribuída uma pontuação de 0, se estivesse entre 11-12%, era atribuída uma pontuação de 1, se estivesse entre 13-14%, era atribuída uma pontuação de 2, se estivesse entre 15-16%, era atribuída uma pontuação de 3, se estivesse entre 17-18%, era atribuída uma pontuação de 4, se estivesse entre 18-19%, era atribuída uma pontuação de 5, se

20%, era atribuída uma pontuação de 6 e se mais de 20%, era atribuída uma pontuação de 7.

3.3.2.3 Extensão média da copa (ft.)

Para a superioridade da dispersão média da copa, a pontuação foi calculada da seguinte forma: se a dispersão média da copa da árvore de controlo selecionada em relação à média das árvores de controlo for inferior a 10%, foi atribuída uma pontuação de 0, se estiver entre 11-12%, foi atribuída uma pontuação de 1, se estiver entre 13-14%, foi atribuída uma pontuação de 2, se estiver entre 15-16%, foi atribuída uma pontuação de 3, se estiver entre 17-18%, foi atribuída uma pontuação de 4 e se for superior a 19%, foi atribuída uma pontuação de 5.

3.4 CARACTERIZAÇÃO MOLECULAR

3.4.1 Artigos de vidro, artigos de plástico e reagentes

Os artigos de vidro e de plástico utilizados eram da Schott Duran, Alemanha, e da Axygen, respetivamente, e todos os produtos químicos e reagentes utilizados no presente estudo eram de qualidade de biologia molecular. Todos os objectos de plástico e reagentes foram duplamente autoclavados antes de serem utilizados e armazenados de acordo com as suas necessidades.

3.4.2 Extração de ADN genómico

A experiência foi efectuada no Department of Agricultural Biotechnology, A.A.U., Anand. O ADN foi extraído de folhas frescas recentemente expandidas utilizando o protocolo de brometo de cetiltrimetil amónio (CTAB) (Doyle e Doyle, 1990) (quadro 3.3).

3.4.2.1 Preparação de soluções de reserva para reagentes e tampões para extração de ADN

O reagente e os tampões para o isolamento do ADN foram preparados de acordo com Sambrook *et al.* (1989). A composição e o procedimento para a preparação de várias soluções de reserva e tampões são apresentados nos quadros 3.3 e 3.4.

Quadro 3.3: Preparação de soluções de reserva para o isolamento de ADN

Sr. nº.	Solução	Método de preparação
1	1M Tris HCl (pH 8,0)	Dissolveram-se 12,11 g de base Tris (Merck) em 80 ml de água destilada. O pH foi ajustado para 8,0 por adição de HCl concentrado e o volume final foi ajustado para 100 ml. Distribuir no frasco de reagente e esterilizar em autoclave.
2	EDTA 0,5M (pH 8,0)	Dissolveram-se 7,306 g de sal sódico de EDTA (SRL) em 80 ml de água destilada. O pH foi ajustado para 8,0 pela adição de pastilhas de NaOH e o volume final foi ajustado para 100 ml. A solução foi dispensada num frasco de reagente e esterilizada em autoclave.
3	NaCl 5M	29,92 g de NaCl (Loba chem) foram dissolvidos em 50 ml de água destilada e bem misturados. Quando os sais se dissolveram completamente, o volume final foi ajustado para 100 ml. A solução foi dispensada num frasco de reagente e esterilizada em autoclave.
4	70% de etanol, 500 ml	360 ml de etanol misturados com 140 ml de água destilada. Dispensar no frasco de reagente e armazenar a 4 ^{0}C.
5	Clorofórmio: Álcool isoamílico (24:1), 500 ml	Misturam-se bem 480 ml de clorofórmio e 20 ml de álcool isoamílico e guardam-se num frasco de reagente à temperatura ambiente.
6	Brometo de etídio	Pronto a utilizar a partir da AMERESCO

	(10mg/ml)	

Tabela 3.4: Preparação do tampão

Tampão	Método de preparação
CTAB Tampão de extração (5%) 10 ml	Mediu-se 1 ml de Tris HCl 1M (pH 8,0), 2,8 ml de NaCl 5M e 1 ml de EDTA 0,5 M (pH 8,0) e misturou-se com cerca de 4 ml de água destilada quente, adicionando-se depois 0,4 g (W/V) de CTAB (AMRESCO) e 0,1 g (W/V) de PVP (Hi-Media). Dispensar no frasco de reagente. Imediatamente antes da utilização, adicionou-se 100 µl (1%) de β-mercaptoetanol.

3.4.2.2 Procedimento de extração do ADN genómico

1) Cerca de 0,3 g de amostra de folha de teca foi triturada num almofariz-pilão limpo com N2 líquido (-196 °C) e o pó fino congelado obtido foi transferido para um tubo de centrifugação de 2 ml.

2) Adicionaram-se oitocentos micro litros de tampão de extração CTAB pré-aquecido a cada amostra e misturou-se bem.

3) A amostra foi incubada a 55 °C durante 20 min e a 65 °C durante 60 min.

4) Adicionou-se uma quantidade igual de clorofórmio: álcool isoamílico (24: 1) ao tubo de centrifugação e misturou-se bem.

5) Centrifugar durante 10 minutos a 10.000 rpm a 4 °C.

6) Transferiu-se o sobrenadante para um novo tubo e adicionou-se novamente (igual ao volume do sobrenadante) clorofórmio: álcool isoamílico, e agitou-se durante 5 minutos, à temperatura ambiente.

7) Centrifugar a 10 000 a 4 °C durante 15 minutos.

8) O sobrenadante foi recolhido para um novo tubo e adicionado 2/3 do volume de isopropanol para precipitação do ADN (incubado durante a noite a 4 °C).

9) Centrifugar a amostra a 10 000 rpm durante 15 minutos a 4 °C.

10) O isopropanol foi cuidadosamente drenado e lavado o pellet com etanol a 70%, 500 µï (centrifugado durante 10 minutos a 12.000 rpm a 4 °C).

11) O isopropanol foi drenado e o sedimento foi seco durante 2 horas em fluxo de ar laminar.

12) O sedimento foi dissolvido em 100/200 µl de tampão TE.

13) Adicionou-se 2 microlitros de RNase A, incubou-se a 37 °C durante 50 minutos e a 65 °C durante 10 minutos.

14) As amostras de ADN foram armazenadas a -20 °C

3.4.2.3 Análise qualitativa e quantitativa do ADN genómico extraído

Para determinar a concentração de ADN, utilizou-se a espetrofotometria NanoQuant (Infinite 200 PRO Tecan' s) com um rácio de absorvância de 260/280 nm e a qualidade do ADN obtido foi verificada num gel de agarose a 0,8%. Foi preparada uma diluição de 10 ng^l de solução de trabalho a partir da solução-mãe dos ADN isolados.

Procedimento

1 µï de ADN foi carregado no poço do Nano Quant e as concentrações em A260/A280 foram

medidas. O ADN puro tem um rácio A260/A280 de 1,8 a 2,0 em tampão TE. Uma forte absorvância a 280 nm, que resulta num rácio A260/A280 baixo, indica a presença de contaminantes, tais como proteínas, na amostra.

3.4.3 Marcadores de repetição de sequência simples (SSRs)

O ADN extraído de amostras de folhas de genótipos de teca selecionados foi amplificado com SSR. Os primers SSR na presente investigação foram selecionados a partir do relatório de Huang *et al.* (2016) e Fofana *et al.* (2009).

3.4.3.1 Condições de SSR-PCR

A reação de PCR para SSR foi realizada em um volume de 15 µl contendo 1,5 µl de DNA modelo, 7,5 µl de mistura principal de PCR (2x), 1,5 µl de primer diluído e 3,5 µl de água livre de nuclease. As condições da reação de PCR foram uma desnaturação inicial de 94 °C durante 5 min, seguida de 35 ciclos de 94 °C durante 45 s, ΔT °C (específico do iniciador) durante 45 s, 72 °C durante 45 s e uma extensão final a 72 °C durante 7 min. As reacções de PCR foram realizadas no termociclador Senso Quest Thermo (Alemanha) e no termociclador eppendorf.

Quadro 3.5: Lista de iniciadores SSR

Sr. nº.	Nome do iniciador	F/R	Sequência do iniciador (5'-3')
1	**CIRAD1TeakF05**	F	CTTCTGCAACCCTTTTTCAC
		R	AGCCATATCTTCCTTTCTCT
2	**TR30663|c0_g1_i1**	F	CTCACCTGATGACTGGGTGG
		R	GGCAACCATGATTCACTTGCA
3	**CIRAD4TeakF02**	F	CCGGTAAAAAGGTGTGTCA
		R	GAGTGGAAGTGCTAATGGA
4	**TR31330|c0_g1_i1**	F	GATGTCAAGGTCCAGGGAACA
		R	TCCCTTGATGGTGTTGCCTC
5	**TR46819|c0_g1_i1**	F	AGAGGAAGAAGTGATGAAGATTCAGA
		R	CACCGGTAACTCCTGTAATGCT
6	**CIRAD1TeakG02**	F	TTAACGCCAAATCCCAAAG
		R	CACAAAGATACCCGACGAG
7	**TR23177|c0_g3_i1**	F	TCTTGTTCTGTGAAGGCCCT
		R	CGGTTCCTCCCACTCAACAA
8	**TR23734|c0_g1_i1**	F	TTCCAACATGCACCTAGCCT
		R	TGAGAACACACATGGGGCAACG
9	**TR24647|c1_g2_i6**	F	ACTCCTCTTTTTTCCTCCCCT
		R	TCTCTGGTAGGTGCTTGTGA
10	**TR35112|c0_g1_i1**	F	CGCGGCATAAGCTTAGGAGA
		R	GCTTCAGAGAGGATGCTGGG
11	**TR46383|c0_g1_i1**	F	GTCACTCGGCCATCATGGAT
		R	CTTGAACGCAACTCCCTCCT
12	**TR46837|c0_g1_i1**	F	CGCTTAAGGGTGGAAGCAGA
		R	AAGGTCCTGGAGCCGATACT
13	**TR31610|c0_g1_i1**	F	TGGGACTGTTTGGATGAGTTCA
		R	ACACTGGATTGAGAGATTTGGA

3.4.4 Polimorfismo amplificado relacionado com a sequência (SRAP)

O ADN extraído de amostras de folhas de genótipos de teca selecionados foi amplificado com

SRAP. Os primers SRAP na presente investigação foram selecionados a partir do relatório de Bhatt *et al.* (2017).

3.4.4.1 Condições SRAP-PCR

A reação de PCR para SRAP foi realizada em um volume de 15 µl contendo 1,5 µl de DNA modelo, 7,5 µl de mistura principal de PCR (2x), 1,5 µl de primer diluído e 3,5 µl de água livre de nuclease. As reações em cadeia da polimerase (PCR) foram realizadas com o seguinte perfil térmico: uma desnaturalização inicial a 94 °C durante 5 min; seguida de cinco ciclos de 1 min a 94 °C (desnaturação), 1 min a 35 °C (recozimento) e 1 min a 72 °C (extensão); seguidos de 35 ciclos de 1 min a 94 °C (desnaturação), 1 min a 50 °C (recozimento) e 1 min a 72 °C (extensão); seguidos de uma extensão final a 72 °C durante 10 min.

Tabela 3.6: Lista de primers SRAP

Sr. nº.	Nome do iniciador	F/R	Sequência do iniciador (5'-3')
1	Me3 + Em2	F	TGAGTCCAAACCGGAAT
		R	GACTGCGTACGAATTTGC
2	Me3 + Em3	F	TGAGTCCAAACCGGAAT
		R	GACTGCGTACGAATTGAC
3	Me2 + Em4	F	TGAGTCCAAACCGGAGC
		R	GACTGCGTACGAATTTGA
4	Me3 + Em6	F	TGAGTCCAAACCGGAAT
		R	GACTGCGTACGAATTGCA
5	Me5 + Em2	F	TGAGTCCAAACCGGAAG
		R	GACTGCGTACGAATTTGC
6	Me5 + Em3	F	TGAGTCCAAACCGGAAG
		R	GACTGCGTACGAATTGAC
7	Me2 + Em3	F	TGAGTCCAAACCGGAGC
		R	GACTGCGTACGAATTGAC
8	Me2 + Em5	F	TGAGTCCAAACCGGAGC
		R	GACTGCGTACGAATTAAC
9	Me2 + Em6	F	TGAGTCCAAACCGGAGC
		R	GACTGCGTACGAATTGCA
10	Me3 + Em5	F	TGAGTCCAAACCGGAAT
		R	GACTGCGTACGAATTAAC
11	Me5 + Em1	F	TGAGTCCAAACCGGAAG
		R	GACTGCGTACGAATTAAT

3.4.5 Separação de produtos PCR amplificados com SSR e SRAPs

Para a separação e visualização dos produtos da PCR, foram utilizados géis de agarose (2,5%) e de poliacrilamida (6%). O gel de agarose foi utilizado apenas para a visualização/verificação inicial da amplificação, tendo em conta duas limitações na sua utilização. Em primeiro lugar, o dimensionamento exato dos alelos não pode ser realizado em agarose. Em segundo lugar, é difícil distinguir diferenças de dois, três ou quatro pares de bases no comprimento do fragmento de ADN em agarose. Por conseguinte, a avaliação das diferenças de tamanho dos alelos dos produtos amplificados por PCR foi efectuada em géis de poliacrilamida.

A) Eletroforese em gel de agarose

O gel de agarose (2,5%) foi preparado em tampão TBE (1^x). O gel foi colocado numa moldura de gel horizontal. Antes da moldagem do gel, adicionou-se 1,6 ml de brometo de etídio (EB) por 100 ml de solução de gel em gel morno (50 °C) para visualizar os amplicões de ADN no sistema de documentação do gel. Neste caso, o objetivo de correr os géis de agarose (durante 15-30 min. a 100 V) era apenas verificar se a PCR amplificou ou não o ADN antes de tentar separar este produto da PCR em eletroforese em gel de poliacrimida não desnaturante (PAGE).

B) Eletroforese em gel de poliacrimida (PAGE)

Para a separação e visualização dos produtos amplificados, foram utilizados géis de poliacrilamida não desnaturante a 6%. Os pormenores da preparação do gel, da eletroforese e da visualização das bandas de ADN separadas são apresentados a seguir.

B.1 Preparação do gel e eletroforese

Os géis de poliacrilamida permitem uma elevada resolução dos produtos amplificados da PCR. Para separar os produtos amplificados dos iniciadores SSR, foram utilizados géis de poliacrilamida não desnaturantes (6%). Antes da preparação da solução de gel, as placas de vidro foram cuidadosamente limpas com etanol. Foram aplicadas algumas gotas de repel-silane-ES na placa posterior e esfregadas sobre a superfície. Isto facilita a separação da placa do gel. Na placa de vidro frontal, foram aplicadas algumas gotas de bind silane e esfregadas em toda a sua superfície. Este procedimento evita que o gel se desloque durante a coloração.

1) Para um gel a 4% (placas Bio-Rad), foram preparados 75 ml de solução de gel misturando

16 ml de tampão TBE (5^{x})

15 ml de solução de acrilamida / bis-acrilamida 29:1 (w/w)

44 ml de água destilada

2) O conteúdo da solução de gel foi misturado vigorosamente. Adicionou-se TEMED (90 l) e misturou-se agitando o balão.

3) Adicionar imediatamente 1 ml de APS (per-sulfato de amónio) a 10% (m/v) e misturar agitando o balão.

4) A solução de acrilamida foi vertida na seringa, que a alimenta entre as placas de vidro, e o pente foi inserido de modo a produzir poços de carregamento na parte superior do gel.

Nota: A polimerização é catalisada pela adição de APS recém-preparado, por isso seja rápido a deitar a solução nas placas depois de adicionar este catalisador à solução de gel.

5) Após a polimerização, o gel foi preparado para a eletroforese de corrida. O pente foi retirado. Encheu-se o reservatório inferior com TBE (0,5 x; cerca de 250 300 ml) e a parte de trás da placa e o reservatório superior com o mesmo (cerca de 400 ml), certificando-se de que o poço estava coberto. Cada poço foi aspirado com tampão TBE utilizando uma pipeta Pasteur para remover pequenos fragmentos de gel e bolhas minúsculas. O gel foi pré-expandido durante pelo menos 10 min. a 5 V/cm (aproximadamente 400 V, 9 W) para o aquecer.

6) As amostras foram preparadas para carregamento em tampão de carregamento 5 x para dar uma concentração final de 1x. Foram carregados entre 1 e 3 µl em cada poço do gel. Foram carregados marcadores de tamanho lambda de 100 bp (1,8 µ^) juntamente com as amostras.

7) O gel foi executado a cerca de 5 V/cm (400 V, 9 W) até se atingir a resolução pretendida. Esta resolução foi determinada pela frente do corante.

8) Após a corrida, as placas foram cuidadosamente afastadas de modo a que o gel permanecesse ligado à placa de vidro frontal.

Precauções tomadas:

i. Se as placas não forem cuidadosamente limpas antes de serem utilizadas, podem ficar retidas bolhas durante o vazamento do gel, o que afecta negativamente o movimento da amplificação por PCR de um produto, resultando numa pontuação ambígua das bandas. Por isso, as placas devem ser limpas antes da utilização.

ii. O silano é um agente cancerígeno, pelo que devem ser usadas luvas e uma máscara facial quando se aplica este produto nas placas de vidro. Por isso, há que ter cuidado ao utilizar o silano.

iii. A acrilamida é uma neurotoxina. Por isso, é aconselhável usar sempre luvas, óculos de proteção e uma máscara facial quando se trabalha com pó, soluções e/ou géis de acrilamida. Por isso, estes passos foram efectuados com cuidado.

B.2 Coloração com prata e visualização das bandas

Os fragmentos de ADN electroforizados foram detectados com coloração de nitrato de prata (Goldman e Merril, 1982). Cada solução para coloração foi preparada num recipiente separado. Os passos seguidos para a coloração com prata são os seguintes

1) O gel foi lavado em água destilada durante 3-5 minutos.

2) O gel foi embebido em fixador (100 ml de metanol a 10%, 7,5 ml de ácido acético glacial e 1300 ml de água destilada) durante 5 minutos.

3) Foi preparada uma solução de nitrato de prata (solução de nitrato de prata a 0,1%, ou seja, 1 g de nitrato de prata e 1000 ml de água destilada).

4) O gel foi colocado na solução de nitrato de prata durante 15 minutos e agitado suavemente.

5) O gel foi colocado num revelador (22,5 g de NaOH, 1500 ml de água destilada e 3 ml de formaldeído) até as bandas se tornarem visíveis.

6) Após a coloração com prata, o gel é digitalizado num scanner de gel (Microtek) e a imagem é guardada.

Nota: Para remover o gel seco da placa, esta foi mergulhada numa solução concentrada de hidróxido de sódio (NaOH) (40 g de flocos em 1 L de água destilada) durante algumas horas.

7) O polimorfismo do ADN entre os genótipos foi observado com base no comprimento dos fragmentos amplificados em termos de número de pares de bases, por comparação com uma escada de 100 pb.

3.5 ANÁLISE DE DADOS MOLECULARES

3.5.1 Pontuação do alelo do marcador SSR

O tamanho (em pares de bases nucleotídicas) da banda amplificada para cada marcador SSR foi determinado com base na sua migração relativamente a um marcador de peso molecular de tamanho (100 bp DNA Ladder). Os dados relativos ao peso molecular dos alelos foram utilizados para determinar a frequência dos alelos principais, a diversidade genética, a heterozigotia e o conteúdo de informação sobre polimorfismo (PIC).

3.5.2 Estatísticas resumidas

As estatísticas resumidas para todos os marcadores foram obtidas utilizando o software Power Marker v 3.25 (Liu e Muse, 2005). Este software utiliza as seguintes fórmulas para calcular diferentes parâmetros:

3.5.3 Frequência dos alelos principais

$$\text{Major allele frequency} = \frac{\text{number of genotypes having major allele}}{\text{total number of genotypes}}$$

Frequência do alelo principal
número de genótipos com alelo principal
número total de genótipos

3.5.4 Diversidade genética

A diversidade genética, frequentemente referida como heterozigotia esperada, é definida como a probabilidade de dois alelos escolhidos aleatoriamente na população serem diferentes. Um estimador não enviesado da diversidade genética no locus i^{th} é

$$H_e = (1 - \sum_{i=1}^{n} pil)/(1 - \frac{1+f}{n})$$

Onde,

Pi= $^{i(th)}$ frequência alélica; f= coeficiente de consanguinidade; n= número de indivíduos

3.5.5 Heterozigotia

A heterozigotia é a proporção de indivíduos heterozigóticos na população. Num único locus, é estimada como

$$H_1 = 1 - \sum_{i=1}^{k} Pi$$

Onde,

Pi= $^{i(th)}$ frequência alélica

3.5.6 Conteúdo da informação sobre polimorfismo

De acordo com Botstein *et al.* (1980), o conteúdo de informação do polimorfismo (PIC) foi estimado como

$$PIC = 1 - (\sum_{i=1} Pi^2) - (\sum_{i=0}^{n-1} \sum_{j=i+1}^{n} 2Pi^2 Pj^2)$$

Onde,

Pi e Pj são as frequências dos alelos i^{th} e j^{th}

3.5.7 Pontuação do alelo do marcador SRAP

Devido ao facto de existirem várias bandas por iniciador, os produtos amplificados dos marcadores SRAP foram classificados como 0/1, em que 1 = presença de banda e 0 = ausência de banda. A partir destes dados 0/1, o valor PIC e o índice do iniciador e o valor do poder de resolução foram calculados de acordo com Sharma *et al.* (2016).

Rácio multiplex (MR) = TB/TP

em que, TB = banda total; TP = iniciadores totais

Rácio multiplex eficaz (EMR) = MR x FP

em que, MR = rácio multiplex e FP = fração de polimorfismo

Índice de marcadores (IM) = EMR x PIC médio

foram calculados de acordo com Powell *et al.* (1996) e seguidos por Varshney *et al.* (2007).

3.5.8 Matriz de dissimilaridade

A similaridade genética entre os genótipos foi calculada usando o coeficiente de Jaccard pela função SIMQUAL, e a análise de agrupamento foi realizada pela técnica aglomerativa usando o método UPGMA (Unweighted Pair Group Method with Arithmetic Mean) pela função de agrupamento SAHN do NTSYSpc versão 2.02.

CAPÍTULO 4

RESULTADOS
E
DISCUSSÃO

4. RESULTADOS E DISCUSSÃO

No presente estudo, foi efectuada a caraterização de 32 genótipos de teca utilizando marcadores fenotípicos e moleculares. Os resultados obtidos foram apresentados e discutidos de seguida;

4.1 FENOTÍPICA CARACTERIZAÇÃO DO POMAR DE SEMENTES GENÓTIPOS DE TECA

As observações para três caracteres fenotípicos foram registadas para 18 genótipos de pomar de sementes, dos 18 genótipos de pomar de sementes 14 genótipos tinham aproximadamente a mesma idade. Por conseguinte, apenas foram registadas observações de 14 genótipos de pomares de sementes para vários parâmetros, nomeadamente: diâmetro à altura do peito (pés), altura do tronco (pés) e dispersão média da copa (pés).

4.1.1 Diâmetro à altura do peito (ft.)

Em catorze pomares de sementes, os genótipos com aproximadamente a mesma idade apresentaram um diâmetro à altura do peito (DAP) que variou de 1,3 a 4,1 pés, com o valor médio de 2,7 ± 0,3 pés. O genótipo GTG-5 do distrito de Baroda apresentou o maior DAP de 4,1 pés, enquanto o genótipo GTG-1 de Panchmahal e GTG-3 de Kheda mostraram o DBH mínimo de 1.3 ft. O coeficiente de variação para DBH foi encontrado como o traço mais variável (CV = 35%), (Tabela 4.1).

4.1.2 Altura do Bole (ft.)

A altura do caule (BH) variou de 8,2 a 19,3 pés com o valor médio de 12,5 ± 1,0 pés. O genótipo GTG-6 do distrito de Anand mostrou o maior BH de 19,3 pés, enquanto GTG-2 e GTG-3 do distrito de Kheda mostraram o mínimo BH de 8,2 pés. O coeficiente de variação para a altura do caule foi de 29,7%, (Tabela 4.1).

4.1.3 Espalhamento médio da copa (ft.)

A dispersão média da copa (ACS) variou de 13,9 a 43,3 pés com valor médio de 33,3 ± 2,4 pés. O genótipo GTG-8 do distrito de Anand mostrou o ACS mais alto de 43,3 pés, enquanto GTG-1 do distrito de Panchmahal mostrou o ACS mínimo de 13,9 pés. O coeficiente de variação para ACS foi de 26,5%, (Tabela 4.1).

Tabela 4.1: Caracterização fenotípica de genótipos de teca em pomares de semente

Distrito	N.º de acesso	Diâmetro à altura do peito (ft.)	Altura do caule (ft.)	Espalhamento médio da copa (ft.)
Panchmahal	GTG-1	1.3	9.2	13.9
Kheda	GTG-2	2.2	8.2	23.8
	GTG-3	1.3	8.2	41.1
	GTG-8	3.4	17.8	43.3
	GTG-9	3.1	17.1	40.7
	GTG-10	3.4	12.8	37.7
	GTG-11	2.1	8.9	28.9
Baroda	GTG-4	1.5	10.5	21.3
	GTG-5	4.1	14.3	42.3
Anand	GTG-6	3.9	19.3	32.8
	GTG-7	3.5	14.8	36.1
	GTG-13	2.6	13.5	40.4
	GTG-14	3.1	11.5	33.8

	GTG-15	2.3	9.5	30.5
Ave.	-	2.7	12.5	33.3
S. Em.	-	0.3	1.0	2.4
CV%	-	35.0	29.7	26.5

4.2 CARACTERIZAÇÃO FENOTÍPICA DE 14 GENÓTIPOS DE TECA EM CRESCIMENTO NATURAL

4.2.1 Diâmetro à altura do peito (ft.)

Em catorze genótipos de crescimento natural, o diâmetro à altura do peito (DAP) variou de 1.3 a 4.7 pés com o valor médio de 3.2 ± 03 pés. O genótipo GTG-32 do distrito de Anand mostrou o DAP mais alto de 4.7 pés, enquanto GTG-19 do distrito de Panchmahal mostrou o DAP mínimo de 1.27 pés. O coeficiente de variação para DAP foi considerado a caraterística mais variável (CV= 36.9%), (Tabela 4.2).

4.2.2 Altura do Bole (ft.)

A altura do tronco (BH) variou de 4,4 a 14,1 pés com o valor médio de 10,8 ± 1,0 pés. O genótipo GTG-29 do distrito de Dahod mostrou o maior BH de 14,1 pés, enquanto GTG-25 do distrito de Kheda mostrou o BH mínimo de 4,4 pés. O coeficiente de variação para a altura do tronco foi de 33,1%, (Tabela 4.2).

4.2.3 Espalhamento médio da copa (ft.)

A dispersão média da copa (ACS) variou de 13,4 a 46,9 pés com valor médio de 32,5 ± 2,7 pés. O genótipo GTG-32 do distrito de Anand mostrou o maior BH de 46,9 pés, enquanto GTG-21 do distrito de Panchmahal mostrou o BH mínimo de 13,4 pés. O coeficiente de variação para a dispersão média da copa foi de 30,5%, (Tabela 4.2). **Quadro 4.2: Caracterização fenotípica de genótipos de teca de crescimento natural**

Distrito	N.º de acesso	Diâmetro à altura do peito (ft.)	Altura do caule (ft.)	Espalhamento médio da copa (ft.)
Panchmahal	GTG-19	1.3	7.2	22.3
	GTG-20	2.1	5.3	24.3
	GTG-21	1.9	9.1	13.4
Kheda	GTG-25	2.2	4.4	20.3
Baroda	GTG-23	4.5	8.1	33.5
	GTG-24	2.8	13.8	30.5
Anand	GTG-22	4.2	17	40
	GTG-26	2.8	10.5	34.8
	GTG-27	4.4	12.3	41.7
	GTG-30	4.5	11.8	46.3
	GTG-31	2.1	12.8	28.5
	GTG-32	4.7	12.6	46.9
Dahod	GTG-28	3.1	11.8	34.4
	GTG-29	4.1	14.1	37.4
Ave.	-	3.2	10.8	32.5
S. Em.	-	0.3	1.0	2.7
CV%	-	36.9	33.1	30.5

4.3 COMPARAÇÃO DA CARACTERIZAÇÃO FENOTÍPICA ENTRE GENÓTIPOS

DE POMARES DE SEMENTES E NATURAIS NATURAIS GENÓTIPOS DE TECA

Na presente investigação, o diâmetro à altura do peito (DAP) foi observado mais alto para os genótipos de crescimento natural, com o valor médio de 3,2 pés, enquanto os genótipos de pomar de sementes mostraram um DAP mais baixo com o valor médio de 2,7 pés. O GTG-32 do genótipo de crescimento natural do distrito de Anand mostrou o DAP mais alto com o valor de 4.7 ft. while, GTG-1 from Panchmahal and GTG-3 from Kheda of seed orchard genotypes showed lowest DBH with value of 1.3 ft. CV% for DBH was higher in natural growing genotypes with the value of 36.9% while, seed orchard genotypes showed lower CV% with the value of 35%. Lwin *et al.* (2010) observaram um DAP mais elevado em 10 proveniências de teca do que no presente estudo. Chaix *et al.* (2011) observaram menor DAP e menor CV% médio em quarenta e uma origens genéticas de teca do que o presente estudo.

A altura do bole (BH) foi observada mais alta para os genótipos de pomar de sementes com valor médio de 12,5 pés, enquanto os genótipos de crescimento natural mostraram menor BH com o valor médio de 10,8 pés. GTG-6 de genótipos de pomar de sementes do distrito de Anand mostrou maior BH com valor de 19,3 pés, enquanto GTG-25 de genótipos de crescimento natural de Kheda mostrou menor BH com valor de 4,4 pés. CV% para BH foi maior em genótipos de crescimento natural com o valor de 33,1%, enquanto os genótipos de pomar de sementes mostraram CV% mais baixo com o valor de 29,7%.

A dispersão média da copa (ACS) foi mais elevada para os genótipos de pomares de sementes, com um valor médio de 33,3 pés, enquanto os genótipos de crescimento natural apresentaram ACS mais baixa, com um valor médio de 32,5 pés.9 pés, enquanto que o GTG-21 dos genótipos de crescimento natural de Panchmahal apresentou o valor mais baixo de ACS, com um valor de 4,4 pés. O CV% para ACS foi mais elevado nos genótipos de crescimento natural, com um valor de 30,5%, enquanto que os genótipos de pomar de sementes apresentaram um CV% mais baixo, com um valor de 26,5%.

4.4 ANÁLISE DE SELECÇÃO DE ÁRVORES CANDIDATAS PLUS (CPT) DE TECA

4.4.1 Identificação das árvores de controlo da teca

No total, foram identificadas 28 árvores de controlo de teca em toda a região central de Gujarat. As árvores de controlo selecionadas mostraram uma expressão fenotípica notável em relação aos parâmetros selecionados durante a seleção. A média de DBH, BH e ACS foi de 2,9, 11,7 e 32,9 pés, respetivamente. De acordo com os dados fenotípicos, o GTG-32 ficou em primeiro lugar com 4,7 pés de diâmetro à altura do peito e 46,9 pés de dispersão média da copa. GTG-6 ficou em primeiro lugar com 19,3 pés de altura do tronco BH, (Tabela 4.3).

Quadro 4.3: Árvores de controlo selecionadas de teca

Sr. Não.	Adesão Não.	Diâmetro à altura do peito (ft.)	Altura do caule (ft.)	Espalhamento médio da copa (ft.)
1	GTG-1	1.28	9.18	13.9
2	GTG-2	2.2	8.2	23.8
3	GTG-3	1.29	8.2	41.1
4	GTG-4	1.5	10.5	21.3
5	GTG-5	4.1	14.3	42.3
6	GTG-6	3.9	19.3	32.8
7	GTG-7	3.5	14.8	36.1
8	GTG-8	3.4	17.8	43.3

9	GTG-9	3.1	17.1	40.7
10	GTG-10	3.4	12.8	37.7
11	GTG-11	2.1	8.9	28.9
12	GTG-13	2.6	13.5	40.4
13	GTG-14	3.1	11.5	33.8
14	GTG-15	2.3	9.5	30.5
15	GTG-19	1.27	7.12	22.3
16	GTG-20	2.1	5.29	24.3
17	GTG-21	1.9	9.1	13.4
18	GTG-22	4.2	17	40
19	GTG-23	4.5	8.1	33.5
20	GTG-24	2.8	13.8	30.5
21	GTG-25	2.2	4.4	20.3
22	GTG-26	2.8	10.5	34.8
23	GTG-27	4.4	12.3	41.7
24	GTG-28	3.1	11.8	34.4
25	GTG-29	4.1	14.1	37.4
26	GTG-30	4.5	11.8	46.3
27	GTG-31	2.1	12.8	28.5
28	GTG-32	4.7	12.6	46.9
Ave.	-	2.9	11.7	32.9

4.4.2 Pontuação das árvores de controlo

Das 28 árvores de controlo, 15 árvores foram selecionadas como árvores candidatas mais (CPT) com base na superioridade%. As árvores de controlo GTG-5, GTG-22 e GTG-32 mostraram a superioridade mais elevada com um valor médio de 32%, 37,33% e 37% respetivamente, a pontuação para estes três genótipos foi de 19 e actuam como CPT-1, CPT-2 e CPT-3. As árvores de controlo GTG-8 e GTG-29 mostraram superioridade com valor médio de 33,33%, 33,6% e pontuação de 17 e 15, respetivamente. As árvores de controlo GTG-6 e GTG-7 mostraram superioridade de 32,66% e 15%, respetivamente, e obtiveram uma pontuação de 14. GTG-9, GTG-27 e GTG-30 obtiveram 12 pontos. GTG-30, GTG-13, GTG-23 e GTG-10 obtiveram 8, 7, 6 e 5 pontos, respetivamente. O GTG-24 apresentou a menor superioridade com valor médio de 5,66% e pontuação de 4, (Tabela 4.4). A superioridade média foi de 29,86%, 21,66% e 18,93% para DBH, BH e ACS.

Tabela 4.4: Pontuação atribuída às árvores de controlo

Sr. Não.	**Adesão Não.**	**Diâmetro à altura do peito**	**Altura do bole**	**Espalhamento médio da copa**	**Pontuação total**
1	GTG-1	0	0	0	**0**
2	GTG-2	0	0	0	**0**
3	GTG-3	0	0	5	**5**
4	GTG-4	0	0	0	**0**
5	GTG-5	7	7	5	**19**
6	GTG-6	7	7	0	**14**
7	GTG-7	7	7	0	**14**

8	GTG-8	4	7	5	17
9	GTG-9	0	7	5	12
10	GTG-10	4	0	2	**6**
11	GTG-11	0	0	0	**0**
12	GTG-13	0	3	5	**8**
13	GTG-14	0	0	0	**0**
14	GTG-15	0	0	0	**0**
15	GTG-19	0	0	0	**0**
16	GTG-20	0	0	0	**0**
17	GTG-21	0	0	0	**0**
18	GTG-22	7	7	5	**19**
19	GTG-23	7	0	0	**7**
20	GTG-24	0	4	0	**4**
21	GTG-25	0	0	0	**0**
22	GTG-26	0	0	0	**0**
23	GTG-27	7	0	5	**12**
24	GTG-28	0	0	0	**0**
25	GTG-29	7	6	2	**15**
26	GTG-30	7	0	5	**12**
27	GTG-31	0	0	0	**0**
28	GTG-32	7	7	5	**19**

4.4.3 Classificação das árvores Plus candidatas

Das 28 árvores de controlo, 13 árvores de controlo com pontuação 0 não foram selecionadas para a seleção de árvores candidatas e complementares. 15 árvores de controlo com pontuação de 5 a 19 foram selecionadas como árvores candidatas. GTG-5, GTG-22 e GTG-25 obtiveram a classificação 1, pelo que estes genótipos actuam como CPT-1, CPT-2 e CPT-3, respetivamente. Enquanto o GTG-24 obteve a classificação 15, pelo que actua como CPT-15.

Tabela 4.5: Classificação das árvores plus candidatas

Adesão Não.	**Pontuação atribuída**			**Pontuação total**	**Classificação**	**CPT Não.**
	Diâmetro à altura do peito	**Altura do bole**	**Alargamento da coroa**			
GTG-5	7	7	5	**19**	**1**	**CPT-1**
GTG-22	7	7	5	**19**	**1**	**CPT-2**
GTG-32	7	7	5	**19**	**1**	**CPT-3**
GTG-8	4	7	5	**17**	**2**	**CPT-4**
GTG-29	7	6	2	**15**	**3**	**CPT-5**
GTG-6	7	7	0	**14**	**4**	**CPT-6**
GTG-7	7	7	0	**14**	**4**	**CPT-7**
GTG-9	0	7	5	**12**	**5**	**CPT-8**
GTG-27	7	0	5	**12**	**5**	**CPT-9**
GTG-30	7	0	5	**12**	**5**	**CPT-10**
GTG-13	0	3	5	**8**	**6**	**CPT-11**

GTG-23	7	0	0	7	**7**	**CPT-12**
GTG-10	4	0	2	6	**8**	**CPT-13**
GTG-3	0	0	5	5	**9**	**CPT-14**
GTG-24	0	4	0	4	**10**	**CPT-15**

4.5 ANÁLISE QUALITATIVA E QUANTITATIVA DO ADN GENÓMICO EXTRAÍDO DE 18 GENÓTIPOS DE TECA DE POMAR DE SEMENTES

Na presente investigação, a concentração média de DNA extraído de folhas de teca de pomares de sementes foi de 817,7 ng/µï. O genótipo GTG-3 apresentou a maior concentração de DNA (2373,9 ng^l), enquanto GTG-17 apresentou a concentração mínima de DNA (227,0 ng/µθ, (Tabela 4.6). A espetrofotometria foi realizada apenas para decidir a concentração da amostra de DNA a ser retirada para análise molecular posterior.

Além disso, a qualidade do ADN foi determinada pelo rácio de absorvância a A260/A280 e A260/A230 nm. O rácio de absorvância do ADN variou entre 1,56 e 2,02, com um valor médio de 1,84. Tal como referido por Sachdev *et al.* (2003), o ADN puro tem um rácio A260/A280 de 1,8-2,0 (Tabela 4.6). Os resultados da presente investigação estão de acordo com os mesmos. Uma forte absorvância a 280 nm, que resulta num rácio A260/A280 baixo, indica a presença de contaminantes como as proteínas. Nenhuma das amostras de ADN analisadas para controlo da qualidade apresentava má qualidade. A qualidade do ADN foi também confirmada num gel de agarose a 0,8% para examinar a integridade do ADN.

Tabela 4.6: Análise qualitativa e quantitativa do ADN genómico extraído de 18 genótipos de teca em pomares de semente

Sr. Não.	Adesão Não.	Conc. de Solução-mãe de ADN (ng/µ¹)	Rácio de qualidade do ADN 260/280	Preparação de 100 µl de solução de trabalho (30 ng/µΓ)	
				Solução-mãe tomada (µθ	Água (sem nuclease) adicionado (µθ
1	GTG-1	842.9	1.83	12	88
2	GTG-2	849.8	1.85	12	88
3	GTG-3	2373.9	1.94	4	96
4	GTG-4	396.8	1.85	25	75
5	GTG-5	482.1	1.75	21	79
6	GTG-6	523.1	1.82	19	81
7	GTG-7	958.7	1.56	10	90
8	GTG-8	750.3	1.97	13	87
9	GTG-9	1434.6	1.49	7	93
10	GTG-10	441.9	1.66	23	77
11	GTG-11	769.1	1.92	13	87
12	GTG-12	397.2	1.79	27	73
13	GTG-13	673.8	1.84	25	75
14	GTG-14	778.7	1.97	13	87
15	GTG-15	730.9	1.95	14	86
16	GTG-16	922.5	2.02	11	89
17	GTG-17	227	1.98	44	56
18	GTG-18	1157.5	2	9	91

4.6 ANÁLISE QUALITATIVA E QUANTITATIVA DO ADN GENÓMICO EXTRAÍDO DE 14 GENÓTIPOS DE TECA EM CRESCIMENTO NATURAL

Na presente investigação, a concentração média de DNA extraído de folhas de teca em crescimento natural foi de 988,07 ng/μΐ. O genótipo GTG-19 apresentou a maior concentração (3731,7 ng^l), enquanto GTG-29 apresentou a concentração mínima de DNA (215,7 ng^l). A espetrofotometria foi realizada apenas para decidir a concentração da amostra de DNA a ser retirada para posterior análise molecular, (Tabela 4.7).

Além disso, a qualidade do ADN foi determinada pelo rácio de absorvância a A260/A280 e A260/A230 nm. O rácio de absorvância do ADN variou entre 1,41 e 1,96, com um valor médio de 1,79. Tal como referido por Sachdev *et al.* (2003), o ADN puro tem um rácio A260/A280 de 1,8 - 2,0. Os resultados do presente estudo estão de acordo com os mesmos. Uma forte absorvância a 280 nm, que resulta num rácio A260/A280 baixo, indica a presença de contaminantes como as proteínas. Nenhuma das amostras de ADN analisadas para controlo da qualidade era de má qualidade. A qualidade do ADN foi também confirmada num gel de agarose a 0,8% para examinar a integridade do ADN (Quadro 4.7).

Quadro 4.7: Análise qualitativa e quantitativa do ADN genómico extraído de 14 genótipos de teca de crescimento natural

N.º Sr.	Adesão Não.	Conc. da solução de reserva de ADN (ng/μ¹)	Rácio de qualidade do ADN 260/280	Preparação de 100 μl de solução de trabalho (30 ng/μΓ)	
				Solução-mãe tomada (μθ	Água (sem nuclease) adicionado (μθ
1	GTG-19	3731.7	1.76	3	97
2	GTG-20	350.6	1.85	29	71
3	GTG-21	1007.3	1.91	10	90
4	GTG-22	1210.4	1.75	8	92
5	GTG-23	1127.6	1.94	9	91
6	GTG-24	562.3	1.41	18	82
7	GTG-25	237.4	1.80	42	58
8	GTG-26	464.2	1.86	22	78
9	GTG-27	1919.6	1.94	5	95
10	GTG-28	319.6	1.88	31	69
11	GTG-29	215.7	1.72	46	54
12	GTG-30	724.5	1.88	14	86
13	GTG-31	1288.3	1.54	8	92
14	GTG-32	673.8	1.84	15	85

4.7 COMPARAÇÃO DA ANÁLISE QUALITATIVA E QUANTITATIVA DOS RENDIMENTOS DE ADN GENÓMICO ENTRE GENÓTIPOS DE POMARES DE SEMENTES E GENÓTIPOS DE TECA EM CRESCIMENTO NATURAL

Na presente investigação, o genótipo GTG-19 de genótipos de crescimento natural apresentou a maior concentração de DNA (3731,7 ng/μΐ), enquanto o GTG-3 de genótipos de pomar de sementes apresentou a maior concentração de DNA (2373,9 ng/μθ de genótipos de pomar de sementes. GTG-29 de genótipos de crescimento natural apresentou a concentração mínima de DNA (215,7 ng^l), enquanto GTG-17 de genótipos de pomar de sementes apresentou a menor concentração de DNA (227,0 ng^l). A razão de absorbância para o DNA dos genótipos de pomares de sementes foi maior, com valores de 1,56 a 2,02, com um valor médio de 1,84, enquanto que para o DNA dos genótipos de crescimento natural foi menor, com valores de 1,41 a 1,96, com um valor médio de 1,79.

4.8 ANÁLISE DE MARCADORES DE REPETIÇÃO DE SEQUÊNCIA SIMPLES (SSR)

Foi selecionado um total de 65 iniciadores SSR para estudar a diversidade genética da teca. Destes 65, 13 iniciadores apresentaram uma amplificação robusta. No entanto, apenas 5 iniciadores foram considerados polimórficos e 8 iniciadores foram monomórficos.

4.8.1 Padrão de agrupamento de 18 genótipos de teca de pomar de sementes construído com a utilização de agrupamento de vizinhos não ponderados para iniciadores SSR

Os valores do coeficiente de similaridade variaram de 0,08 a 0,39, indicando que a distribuição da variação foi diversa. O coeficiente médio de similaridade para todos os genótipos foi de 0,24. GTG-14 mostra similaridade genética máxima (0,39) com GTG-1 e GTG-7; enquanto GTG-18 mostra similaridade genética mínima (0,08) com os genótipos GTG-15 e GTG-17, (Tabela 4.8). Huang *et al.* (2014) observaram que a distância genética variou de 0 a 1,32, que foi maior do que o presente estudo.

Dezoito genótipos de teca de pomares de sementes foram agrupados em dois grupos principais A e B, com 9 e 9 genótipos, respetivamente. O grupo principal A foi ainda dividido em três subgrupos A1 (2 genótipos), A2 (1 genótipo) e A3 (6 genótipos). Dois genótipos, GTG-13 e GTG-14, foram agrupados no subgrupo A1. GTG-17 apenas um agrupado no subgrupo A2. Seis genótipos, *a saber,* GTG-1, GTG-3, GTG-6, GTG-15, GTG-16 e GTG-18, foram agrupados no subgrupo A3. O grupo B também foi constituído por dois subgrupos B1 (2 genótipos) e B2 (7 genótipos). Dois genótipos, GTG-2 e GTG-5, foram agrupados no subgrupo B1. Sete genótipos, *a saber,* GTG-11, GTG-4, GTG-12, GTG-8, GTG-7, GTG-9 e GTG-10, foram agrupados no subgrupo B2. No grupo B, a maioria dos genótipos foram agrupados no subgrupo B2, o que indica uma elevada semelhança genética entre os genótipos (Figura 4.14).

4.8.2 Padrão de agrupamento de 14 genótipos de teca de crescimento natural construídos com a utilização de agrupamentos de vizinhos não ponderados para iniciadores SSR

Os valores do coeficiente de similaridade variaram de 0,08 a 0,39, indicando que a distribuição da variação foi diversa. O coeficiente médio de similaridade para todos os genótipos foi de 0,24. GTG-32 mostra similaridade genética máxima (0,39) com GTG-19, GTG-20, GTG-21, GTG-22 e GTG-24; enquanto GTG-29 mostra similaridade genética mínima (0,08) com os genótipos GTG-26 e GTG-28, (Tabela 4.9). Narayanan *et al.* (2007) observaram um coeficiente de similaridade mais elevado na teca do que o presente estudo.

Catorze genótipos de teca de crescimento natural foram agrupados em dois grupos principais A e B com 6 e 8 genótipos, respetivamente. O grupo principal A foi ainda dividido em dois subgrupos A1 (3 genótipos) e A2 (3 genótipos). Três genótipos, *a saber,* GTG-22, GTG-23 e GTG-24, foram agrupados no subgrupo A1. Três genótipos, *a saber,* GTG-19, GTG-20 e GTG-21, foram agrupados no subgrupo A2. O grupo B também foi constituído por dois subgrupos B1 (3 genótipos) e B2 (5 genótipos). Três genótipos, *a saber,* GTG-30, GTG-31 e GTG-32, foram agrupados no subgrupo B1. Cinco genótipos, *a saber,* GTG-25, GTG-26, GTG-27, GTG-28 e GTG-29, foram agrupados no subgrupo B2 (Figura 4.20).

4.8.3 Resultados da análise de repetição de sequência simples (SSR) para o total de 32 espécies naturais

Genótipos de teca em cultura e em pomar de sementes

A partir de 13 primers, amplificou-se um total de 59 alelos de 32 genótipos de teca. O número médio de alelos por locus foi de 4,54, com uma variação de 1 (TR30663|c0_g1_i1) a 13 (CIRAD1TeakG02), (Tabela nº 4.8). Alcântara & Veasey (2013) relataram menores alelos por locus e maiores valores de PIC em teca do que a presente investigação. Fofana *et al.* (2009) observaram um maior número de alelos por locus em teca do que o presente estudo.

O tamanho molecular dos produtos de PCR amplificados variou de 113 pb (TR23177|c0_g3_i1) a 592 pb (CIRAD1TeakG02), (Tabela 4.3). A frequência alélica maior variou de 0,16 (CIRAD1TeakG02) a 1,00. A diversidade genética mais elevada, de 0,90, foi observada para CIRAD1TeakG02, enquanto a diversidade genética mais baixa foi detectada para 8 primers, com um valor médio de diversidade genética de 0,33 (Tabela 4.8).

A heterozigosidade variou amplamente de 0,00 a 0,38 (TR31610|c0_g1_i1) com uma média de 0,04. No presente estudo, os valores de PIC para marcadores SSR variaram de 0,00 para 8 primers a 0,89 (CIRAD1TeakG02). No entanto, 5 marcadores foram observados como mais informativos, uma vez que apresentaram PIC superior a 0,5, (Tabela 4.8). Mahesh *et al.* (2016) relataram maior heterozigosidade e menor PIC em árvores de teca do que o presente estudo.

O PIC mais elevado revelado no presente estudo foi observado para o locus CIRAD1TeakG02, que foi também o locus com a maior riqueza alélica nos estudos efectuados por Fofana *et al.* (2009) e Verhaegen *et al.* (2010).

Tabela 4.10: Resultados dos iniciadores SSR para um total de 32 genótipos de teca de pomares de sementes e de crescimento natural

Nome do iniciador	Gama de tamanhos	Frequência do alelo principal	Alelo Não.	Diversidade de genes	Heterozigotia	Valor PIC
CIRAD1TeakF05	236-269	0.21	12.00	0.86	0.14	0.84
TR30663|c0_g1_i1	161	1.00	1.00	0.00	0.00	0.00
CIRAD4TeakF02	460-490	0.26	10.00	0.86	0.04	0.84
TR31330|c0_g1_i1	116	1.00	1.00	0.00	0.00	0.00
TR46819|c0_g1_i1	130	1.00	1.00	0.00	0.00	0.00
CIRAD1TeakG02	522-592	0.16	13.00	0.90	0.00	0.89
TR23177|c0_g3_i1	113	1.00	1.00	0.00	0.00	0.00
TR23734|c0_g1_i1	122	1.00	1.00	0.00	0.00	0.00
TR24647|c1_g2_i6	224-240	0.22	9.00	0.84	0.00	0.82
TR35112|c0_g1_i1	142	1.00	1.00	0.00	0.00	0.00
TR46383|c0_g1_i1	131	1.00	1.00	0.00	0.00	0.00
TR46837|c0_g1_i1	248	1.00	1.00	0.00	0.00	0.00
TR31610|c0_g1_i1	170-180	0.31	7.00	0.78	0.38	0.75
Total	-	9.16	59.00	4.24	0.56	4.15
Média	-	0.70	4.54	0.33	0.04	0.32

4.8.3.1 Padrão de agrupamento do total de 32 genótipos de teca de pomar de sementes e de crescimento natural, construído com a utilização de agrupamentos de vizinhos não ponderados para iniciadores SSR

Os valores do coeficiente de similaridade variaram de 0,08 a 0,39, indicando que a distribuição da variação foi diversa. O coeficiente médio de similaridade para todos os genótipos foi de 0,24. GTG-20 mostra dissimilaridade genética máxima (0,39) com GTG-1, GTG-2, GTG-3, GTG-4, GTG-5, GTG-6, GTG-7, GTG-8, GTG-9, GTG-10, GTG-11 e GTG-14; enquanto GTG-29 mostra dissimilaridade genética mínima (0,08) com os genótipos GTG-26 e GTG-28, (Tabela 4.11). Resultado semelhante foi relatado por Hansen *et al.* (2015) em teca, os valores variaram de 0,01 a 0,48.

Trinta e dois genótipos de teca foram agrupados em três grupos principais A, B e C, com 14, 9 e 9 genótipos, respetivamente. O grupo principal A foi ainda dividido em dois subgrupos A1 (6 genótipos) e A2 (8 genótipos). Seis genótipos, *a saber,* GTG-22, GTG-23, GTG-24, GTG-20, GTG-21 e GTG-19, foram agrupados no subgrupo A1. Oito genótipos, *a saber,* GTG-32, GTG-30, GTG-31, GTG-25, GTG-27, GTG-28, GTG-26 e GTG-29 foram agrupados no subgrupo A2. O grupo B também foi constituído por três subgrupos B1 (2 genótipos), B2 (1 genótipo) e B3 (6 genótipos). Dois genótipos, GTG-13 e GTG-14, foram agrupados no subgrupo B1. Um genótipo, GTG-17, foi agrupado no subgrupo B2. Seis genótipos, *a saber,* GTG-1, GTG-3, GTG-6, GTG-16, GTG-15 e GTG-18, foram agrupados no subgrupo B3. O grupo C também foi constituído por três subgrupos C1 (2 genótipos) e C2 (7 genótipos). Dois genótipos, *a saber,* GTG-5 e GTG-2, foram agrupados no subgrupo C1. Sete genótipos, *a saber,* GTG-11, GTG-4, GTG-12, GTG-8, GTG-9, GTG-7 e GTG-10 foram agrupados no subagrupamento C2, (Figura 4.21).

O padrão de agrupamento mostrou que todos os 14 genótipos de crescimento natural estavam agrupados no mesmo grupo e os 18 genótipos de pomar de sementes estavam agrupados em dois grupos. O grupo principal A continha os 14 genótipos de crescimento natural, enquanto os grupos principais B e C continham 18 genótipos de pomar de sementes (Figura 4.21). Assim, estes resultados mostraram que os primers SSR são bons para distinguir entre genótipos de pomares de sementes e genótipos de crescimento natural.

4.9 ANÁLISE DE MARCADORES DE POLIMORFISMO AMPLIFICADO RELACIONADO COM A SEQUÊNCIA (SRAP)

Os resultados dos primers SSR mostraram um padrão monomórfico mais elevado, pelo que, para obter melhores resultados, foram utilizados primers SRAP.

Tal como no caso do SSR, 18 genótipos de teca foram submetidos ao mesmo procedimento de amplificação por PCR, utilizando 11 iniciadores SRAP (Quadro 3.6), tendo sido selecionados para análise posterior os que produziram resultados reprodutíveis e com boa pontuação. Além disso, todos os cálculos efectuados para a SSR foram também efectuados para o estudo do marcador SRAP e, por fim, foi efectuada uma análise de agrupamento e PCR apoiada por um estudo de correlação da matriz de similaridade e do padrão de agrupamento do dendrograma.

Foi utilizado um total de 11 iniciadores SRAP para estudar a diversidade genética de um total de 32 genótipos de teca.

4.9.1 Análise de marcadores de polimorfismo amplificado relacionado com a sequência (SRAP) para 18

Pomar de sementes Genótipos de teca

Os dados recolhidos dos marcadores SRAP com 11 iniciadores arbitrários para 18 genótipos de pomares de sementes produziram 43 loci totais. Dos 43 loci produzidos, 41 eram polimórficos e, por conseguinte, a percentagem total de polimorfismo foi de 95,3% (Quadro 4.12). Balasundaran *et al.* (2010) registaram um maior número de bandas amplificadas e uma menor percentagem de polimorfismo na teca do que o presente estudo.

O número médio de loci por iniciador foi de 3,9 e o número médio de loci polimórficos obtidos por iniciador foi de 3,7. O tamanho molecular dos produtos de PCR amplificados variou de 98 pb (Me2 + Em6) a 1005 pb (Me2 + Em5), (Tabela 4.12).

O polimorfismo mais elevado de 100% foi exibido para 10 primers, enquanto o polimorfismo mais baixo de 60% foi observado apenas para 1 primer. Uma vez que 10 iniciadores apresentaram 100% de polimorfismo, estes seriam muito úteis para o estudo da variabilidade genética entre genótipos de teca, (Quadro n.º 4.12). Shrestha *et al.* (2005) e Vaishnaw *et al.* (2014) registaram um polimorfismo mais baixo na teca do que o presente estudo.

Os valores de PIC variaram de 0,08 (Me2 + Em3) a 0,43 (Me3 + Em2) com um valor médio de PIC de 0,26. Quatro iniciadores geraram um máximo de 5 loci, enquanto a combinação de iniciadores Me2 + Em6 amplificou um mínimo de 2 loci. Dos 11 marcadores SRAP, a combinação de primers Me3 + Em2 apresentou um índice de primers máximo de 1,72, enquanto a combinação de primers Me5 + Em1 apresentou um índice de primers mínimo de 0,75. O poder de resolução mais elevado para a combinação de primers Me2 + Em3 foi de 8,11, enquanto a combinação de primers Me2 + Em6 apresentou o poder de resolução mais baixo, de 2,33 (quadro 4.12).

Quadro 4.12: Resultados da análise de polimorfismo amplificado relacionado com a sequência (SRAP) para 18 genótipos de teca de pomares de sementes

Nome do iniciador	Gama de peso molecular (bp)	Total Não. de loci	N.º de loci polimórficos	polimorfismo%	Valor PIC	Índice de primários	Poder de resolução	Média Rp
Me3 + Em2	179-565	4	4	100	0.43	1.72	5.11	1.28
Me3 + Em3	132-590	5	5	100	0.40	2.01	6.67	1.33
Me2 + Em4	132-590	5	5	100	0.40	1.12	6.67	1.33
Me3 + Em6	244-425	3	3	100	0.13	1.34	3.67	1.22
Me5 + Em2	165-593	5	5	100	0.40	1.64	6.67	1.33
Me5 + Em3	223-437	4	4	100	0.09	1.38	6.11	1.53
Me2 + Em3	139-663	5	3	60	0.08	1.29	8.11	1.62
Me2 + Em5	320-1005	3	3	100	0.16	1.33	3.67	1.22
Me2 + Em6	98-136	2	2	100	0.20	0.90	2.33	1.17
Me3 + Em5	139-213	3	3	100	0.39	1.18	3.78	1.26
Me5 + Eml	317-510	4	4	100	0.19	0.75	5.22	1.31
Total.		43	41	1060	2.88	14.66	58.00	14.6
Média.		3.9	3.73	95	0.26	1.33	5.27	1.33

4.9.1.1 Padrão de agrupamento de 18 genótipos de teca de pomares de sementes construído utilizando a junção de vizinhos não ponderada para os iniciadores SRAP

O valor do coeficiente de similaridade variou entre 0,19 e 0,92, indicando que a distribuição da variação era diversa. O coeficiente médio de similaridade para todos os genótipos foi de 0,55. O GTG 15 apresenta similaridade genética máxima (0,92) com o GTG-16; enquanto a similaridade genética mínima (0,19) foi exibida entre os genótipos GTG-5 e GTG-9, (Tabela 4.13). Balasundaran *et al.* (2010) relataram uma distância genética menor em genótipos de teca do que o presente estudo.

O grupo principal A tinha apenas 1 genótipo (GTG-5). O grupo principal B tinha 17 genótipos. O grupo principal B foi dividido em dois subgrupos B1 (2 genótipos) e B2 (15 genótipos). Dois genótipos, GTG-13 e GTG-18, foram agrupados no grupo B1. Onze genótipos, *a saber,* GTG-6, GTG-7, GTG-9, GTG-14, GTG-2, GTG-10, GTG-12, GTG-4, GTG-11, GTG-17, GTG-18, GTG-16, GTG-15, GTG-3 e GTG-1 foram agrupados no cluster B2. Os dados agrupados mostraram que os genótipos GTG-15 e GTG-16 se agruparam. O subagrupamento B2 (15 genótipos) foi ainda dividido em dois subagrupamentos B2a (2 genótipos) e B2b (13 genótipos), (Figura 4.33).

4.9.2 Análise de marcadores de polimorfismo amplificado relacionado com a sequência (SRAP) para 14

Genótipos de teca de crescimento natural

Os dados recolhidos a partir de marcadores SRAP com 11 iniciadores arbitrários produziram um total de 40 loci. Dos 40 loci produzidos, 39 eram polimórficos e, por conseguinte, a percentagem de polimorfismo total foi de 97,5%, (Tabela 4.14). Ansari *et al.* (2012) registaram bandas polimórficas e percentagem de polimorfismo mais elevadas em teca utilizando marcadores ISSR do que o presente estudo.

O número médio de loci por iniciador foi de 3,6 e o número médio de loci polimórficos obtidos por iniciador foi de 3,5. O tamanho molecular dos produtos de PCR amplificados variou de 98 pb (Me2 + Em6) a 1005 pb (Me2 + Em5). O polimorfismo mais elevado, de 100%, foi apresentado por 10 iniciadores, enquanto o polimorfismo mais baixo, de 80%, foi observado na combinação de iniciadores Me2 + Em3. Uma vez que os primers 10 apresentaram um polimorfismo de 100%, estes seriam muito úteis para o estudo da diversidade genética entre genótipos de teca. Balasundaran *et al.* (2010) registaram uma percentagem de polimorfismo mais baixa na população natural de teca do que o presente estudo. Os valores de PIC variaram de 0,32 (Me2 + Em5) a 0,49 (Me2 + Em40) com um valor médio de 0,41. (Tabela 4.14)

A combinação de primers Me3 + Em3 e Me2 + Em3 gerou um máximo de 5 loci, enquanto a combinação de primers Me2 + Em6 amplificou um mínimo de 2 loci. Dos 11 marcadores SRAP, a combinação de primers Me5 + Em1 apresentou um índice de primers máximo de 1,91, enquanto a combinação de primers Me2 + Em6 apresentou um índice de primers mínimo de 0,79. O poder de resolução foi mais elevado para a combinação de iniciadores Me3 + Em3, com 6,71, enquanto a combinação de iniciadores Me2 + Em6 apresentou o poder de resolução mais baixo, com 2,43 (Quadro 4.14).

Quadro 4.14: Resultados da análise de polimorfismo amplificado relacionado com a sequência (SRAP) para 14 genótipos de teca em crescimento natural

Nome do iniciador	Gama de peso molecular (bp)	Total Não. de loci	N.º de loci polimórficos	polimorfismo%	Valor PIC	Índice de primários	Poder de resolução (Rp)	Média Rp
Me3 + Em2	179-565	4	4	100	0.39	1.57	5.14	1.29
Me3 + Em3	132-590	5	5	100	0.37	1.85	6.71	1.34
Me2 + Em4	181-687	3	3	100	0.49	1.46	3.29	1.10
Me3 + Em6	165-593	4	4	100	0.43	1.72	4.71	1.18
Me5 + Em2	244-425	3	3	100	0.45	1.36	2.14	0.71
Me5 + Em3	223-437	4	4	100	0.41	1.63	4.14	1.04
Me2 + Em3	139-663	5	4	80	0.33	1.63	4.14	0.83
Me2 + Em5	320-1005	3	3	100	0.32	0.95	4.71	1.57
Me2 + Em6	98-136	2	2	100	0.40	0.79	2.43	1.21
Me3 + Em5	139-213	3	3	100	0.46	1.39	2.86	0.95

Me5 + Em1	317-510	4	4	100	0.48	1.91	4.71	1.18
Total	-	40.00	39.00	1080	4.53	16.25	45.00	12.40
Média	-	3.64	3.54	98	0.41	1.48	4.09	1.13

4.9.2.1 Padrão de agrupamento de 14 genótipos de teca de crescimento natural construídos com recurso a ligações entre vizinhos não ponderadas para iniciadores SRAP

O valor do coeficiente de similaridade variou entre 0,15 e 0,88, indicando que a distribuição da variação foi diversa. O coeficiente médio de similaridade para todos os genótipos foi de 0,52. O GTG-22 mostra uma similaridade genética máxima (0,88) com o GTG-19; enquanto a similaridade genética mínima (0,15) foi exibida entre os genótipos GTG-26 e GTG-21, (Tabela 4.15). Balasundaran *et al.* (2010) e Ansari *et al.* (2012) relataram coeficiente de similaridade mais baixo em teca do que o presente estudo.

O grupo principal A tinha apenas 1 genótipo (GTG-21). O agrupamento principal B tinha 13 genótipos. O agrupamento principal B foi dividido em dois subagrupamentos B1 (2 genótipos) e B2 (11 genótipos). Dois genótipos, GTG-25 e GTG-28, foram agrupados no grupo B1. Onze genótipos, *a saber,* GTG-19, GTG-22, GTG-30, GTG-27, GTG-20, GTG-29, GTG-23, GTG-24, GTG-26, GTG-31 e GTG-32, foram agrupados no cluster B2. Os dados agrupados mostraram que os genótipos GTG 19 e GTG 22 se agruparam (Figura 4.45).

4.10COMPARAÇÃO DOS RESULTADOS DOS MARCADORES SRAP ENTRE GENÓTIPOS DE POMARES DE SEMENTES E GENÓTIPOS DE TECA EM CRESCIMENTO NATURAL

Para 18 genótipos de pomares de sementes, o marcador SRAP com 11 iniciadores arbitrários produziu um número mais elevado de 43 loci totais, enquanto para 14 genótipos de crescimento natural produziu um número mais baixo de 40 loci totais. Para os genótipos de pomares de sementes, dos 43 loci produzidos, 41 eram polimórficos, pelo que a percentagem total de polimorfismo foi de 95,3%, inferior à dos genótipos de crescimento natural; para os genótipos de crescimento natural, dos 40 loci produzidos, 39 eram polimórficos, pelo que a percentagem total de polimorfismo foi de 97,5%.

O número médio de loci por iniciador e o número médio de loci polimórficos obtidos por iniciador foram mais elevados para os genótipos de pomares de sementes, com valores de 3,9 e 3,7, respetivamente, enquanto o número médio de loci por iniciador e o número médio de loci polimórficos obtidos por iniciador foram mais baixos, com valores de 3,6 e 3,5, respetivamente, para os genótipos de crescimento natural. Tanto os genótipos de pomares de sementes como os genótipos de crescimento natural amplificaram produtos de PCR que variaram entre 98 pb (Me2 + Em6) e 1005 pb (Me2 + Em5) para a mesma combinação de iniciadores. Os genótipos de pomares de sementes apresentam um polimorfismo inferior a 95%, enquanto os genótipos de crescimento natural apresentam um polimorfismo superior a 98%.

Para os genótipos de pomares de sementes, os valores de PIC variaram de 0,08 (Me2 + Em3) a 0,43 (Me3 + Em2) com um valor médio de PIC de 0,26, enquanto para os genótipos de crescimento natural os valores de PIC variaram de 0,32 (Me2 + Em5) a 0,49 (Me2 + Em40) com um valor médio de 0,41, que foi superior ao dos genótipos de pomares de sementes. Nos genótipos de pomares de sementes, quatro iniciadores geraram loci 5 máximo, enquanto nos genótipos de crescimento natural duas combinações de iniciadores geraram loci 5 máximo. Enquanto que a combinação de iniciadores Me2 + Em6, tanto nos genótipos de pomares de sementes como nos genótipos de crescimento natural, amplificou um mínimo de 2 loci.

Assim, a combinação de primers Me2 + Em6 não distingue os genótipos de pomares de sementes e os genótipos de crescimento natural.

Nos genótipos de pomar de sementes, o índice de primers foi mais baixo, com um valor de 1,72, enquanto os genótipos de crescimento natural apresentam um índice de primers mais elevado, com um valor de 1,91. O poder de resolução dos genótipos de pomares de sementes foi mais elevado, com um valor de 8,11, enquanto os genótipos de crescimento natural apresentam um poder de resolução mais baixo, com um valor de 6,71. Para os genótipos de pomares de sementes, o valor do coeficiente de similaridade variou entre 0,19 e 0,92, com um coeficiente médio de similaridade de 0,55, sendo superior ao dos genótipos de crescimento natural, cujo coeficiente de similaridade variou entre 0,15 e 0,88, com um coeficiente médio de similaridade de 0,51.

Figura 4.5: CPT n.º 11 Figura 4.6: CPT n.º 12

Figura 4.3: CPT n.º 6 Figura 4.4: CPT n.º 10

Figura 4.5: CPT n.º 11 Figura 4.6: CPT n.º 12

Figura 4.7: CPT n.º 14 Figura 4.8: CPT n.º 15

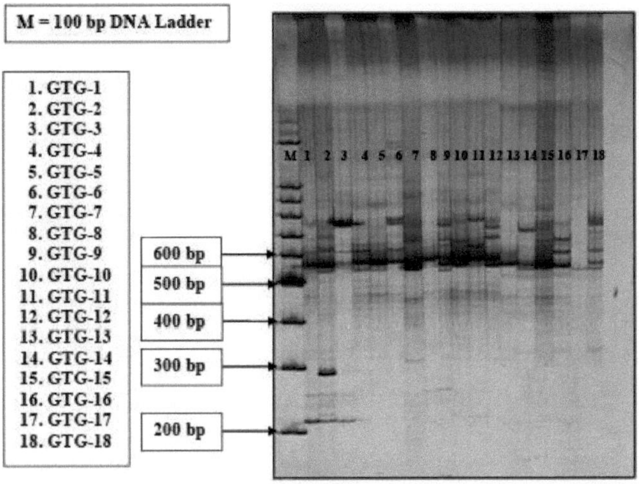

Figura 4.11: Perfil SSR do CIRAD1TeakG02 para genótipos de pomar de sementes

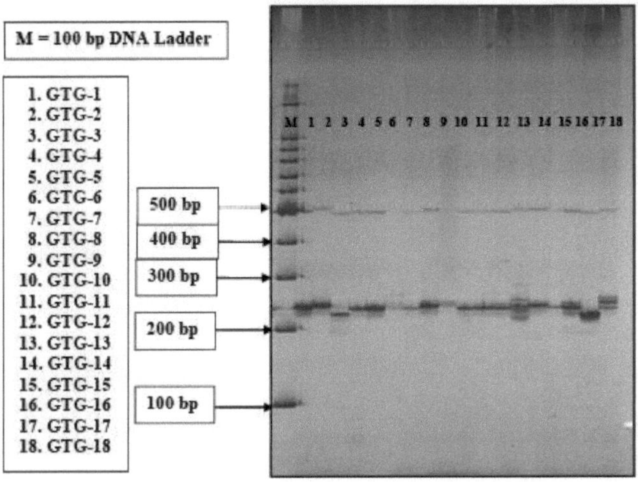

Figura 4.12: Perfil SSR de TR24647|c1_g2_i6 para genótipos de pomar de sementes

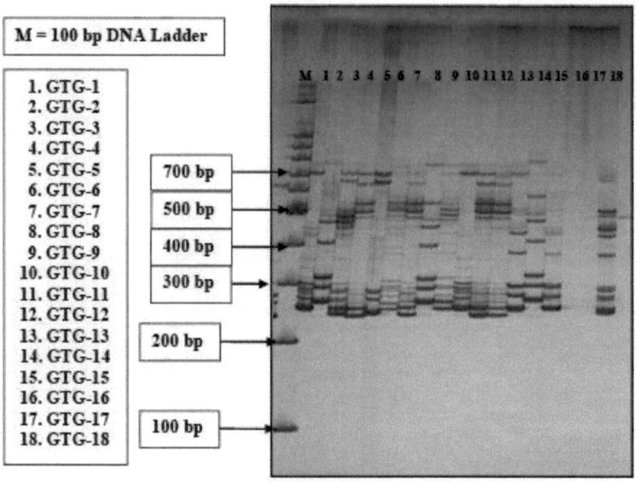

Figura 4.9: Perfil SSR do CIRAD1TeakF05 para genótipos de pomares de sementes

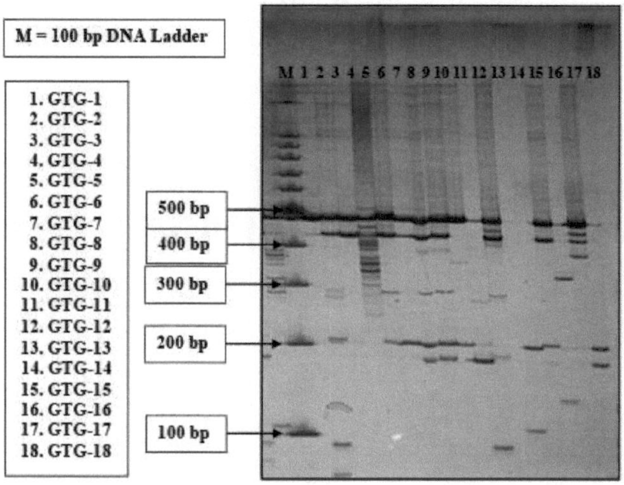

Figura 4.10: Perfil SSR do CIRAD4TeakF02 para genótipos de pomar de sementes

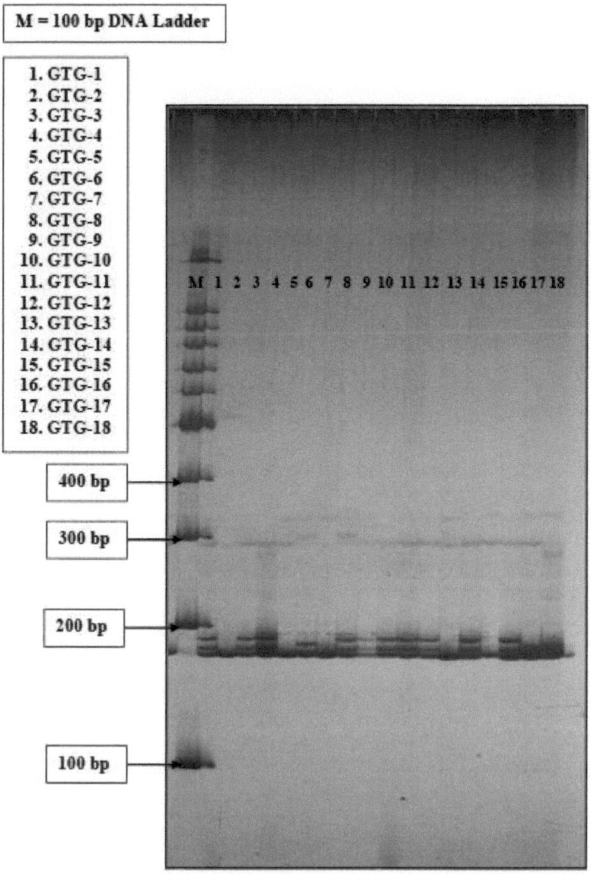

Figura 4.13: Perfil SSR de TR31610|c0_g1_i1 para genótipos de sementes de pomar

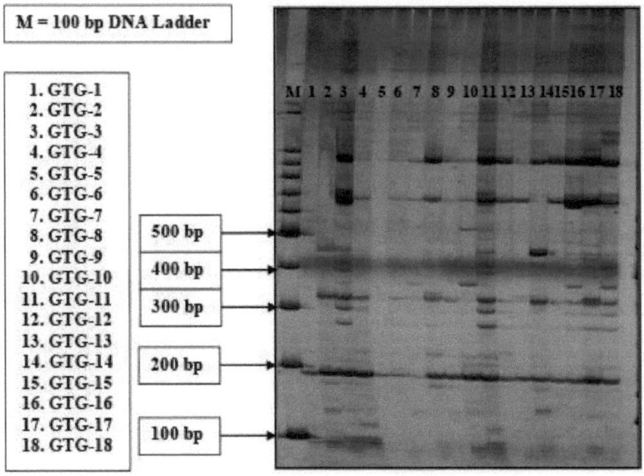

Figura 4.24: Perfil SRAP de Me2 + Em4 para genótipos de pomares de sementes

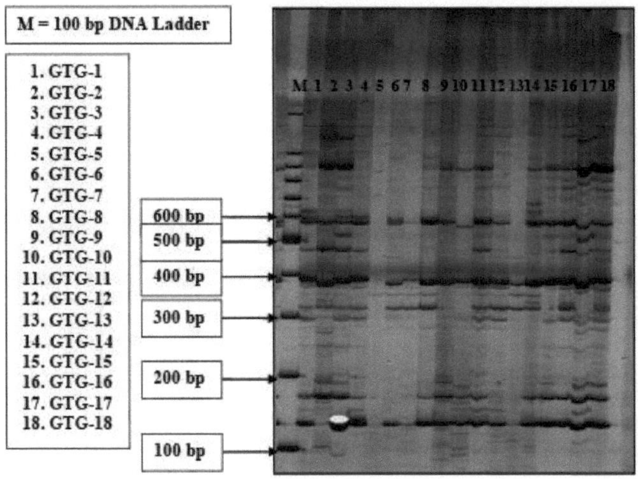

Figura 4.25: Perfil SRAP de Me3 + Em6 para genótipos de pomares de sementes

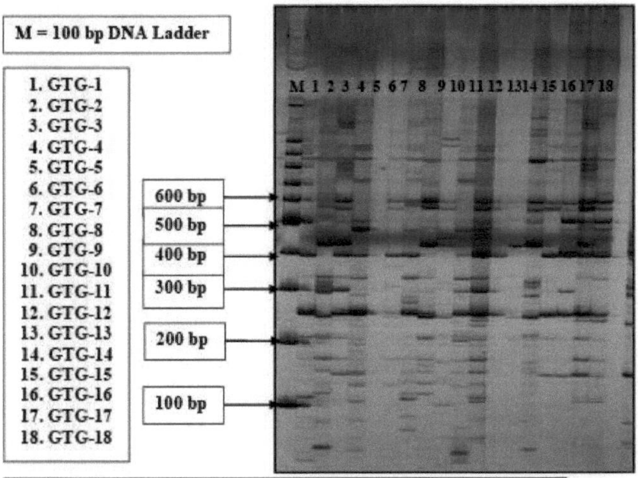

Figura 4.26: Perfil SRAP de Me5 + Em2 para genótipos de pomares de sementes

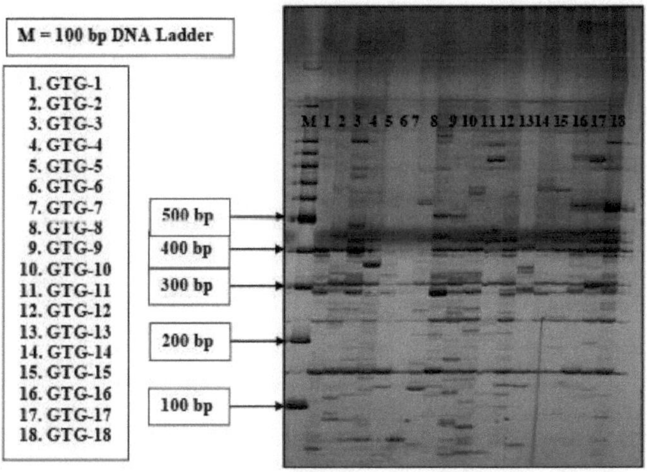

Figura 4.27: Perfil SRAP de Me5 + Em3 para genótipos de pomares de sementes

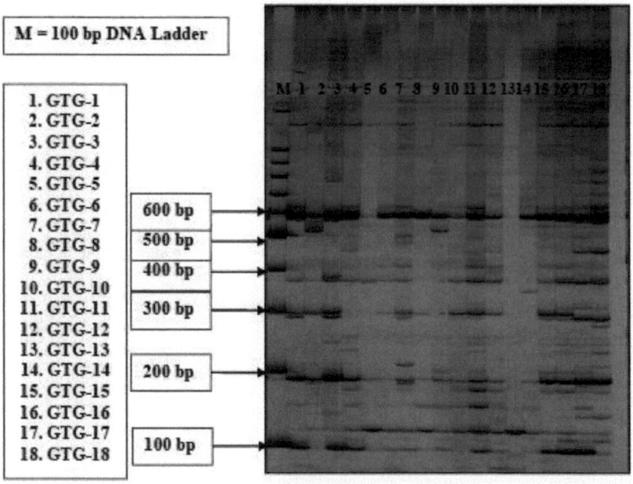

Figura 4.22: Perfil SRAP de Me3 + Em2 para genótipos de pomares de sementes

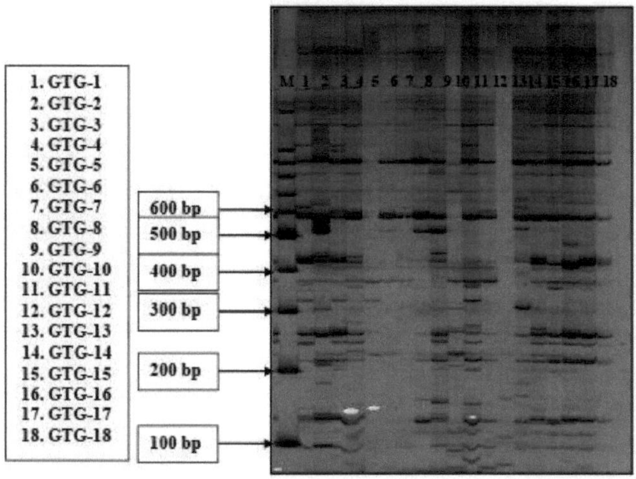

Figura 4.23: Perfil SRAP de Me3 + Em3 para genótipos de pomares de sementes

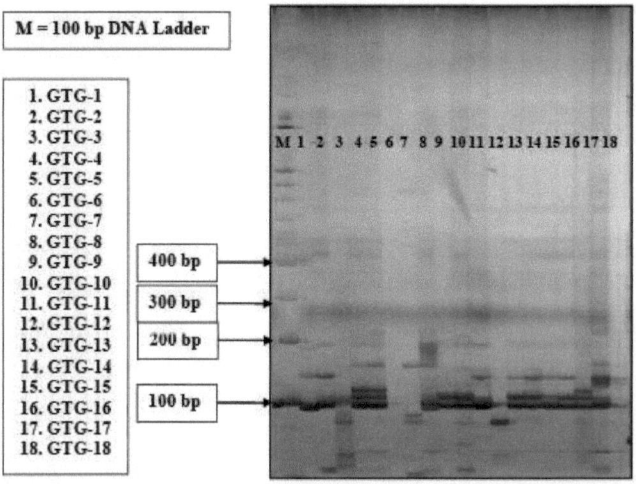

Figura 4.30: Perfil SRAP de Me2 + Em6 para genótipos de pomares de sementes

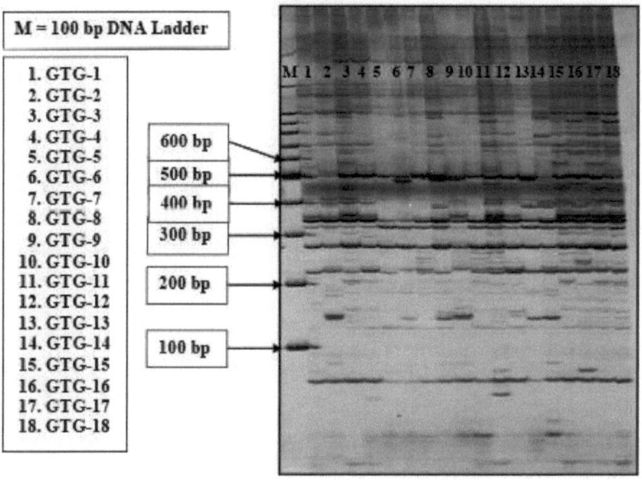

Figura 4.31: Perfil SRAP de Me3 + Em5 para genótipos de pomares de sementes

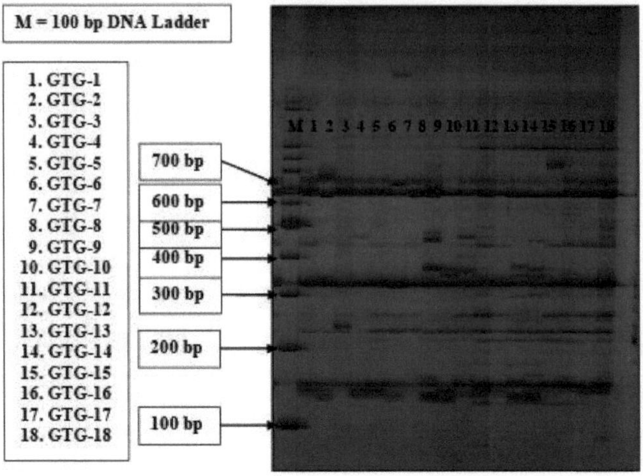

Figura 4.28: Perfil SRAP de Me2 + Em3 para genótipos de pomares de sementes

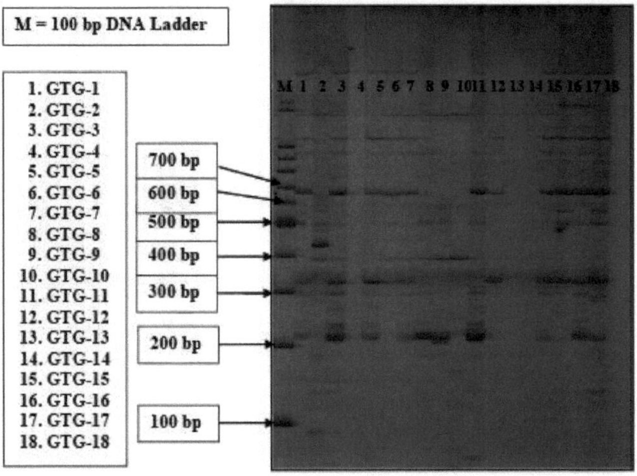

Figura 4.29: Perfil SRAP de Me2 + Em5 para genótipos de pomares de sementes

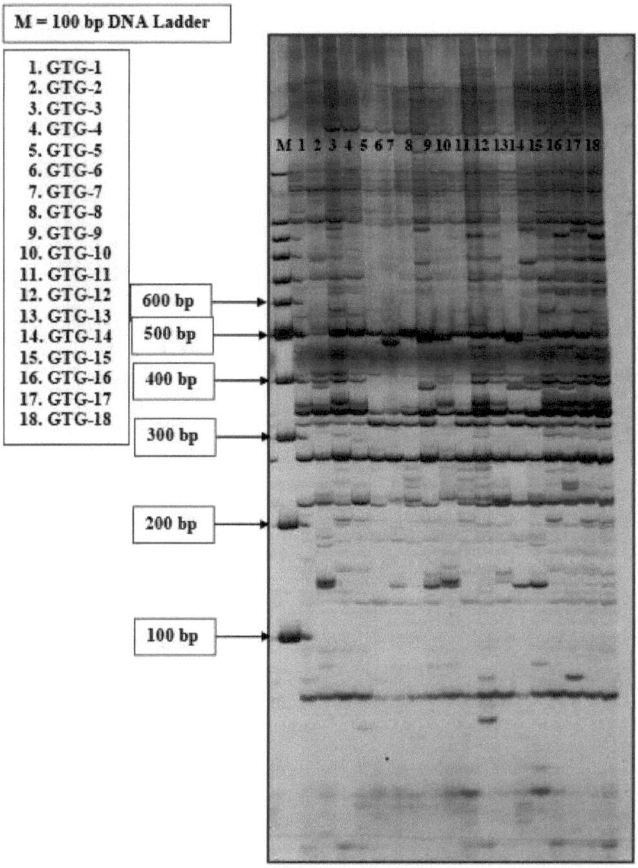

Figura 4.32: Perfil SRAP de Me5 + Em1 para genótipos de pomares de semente

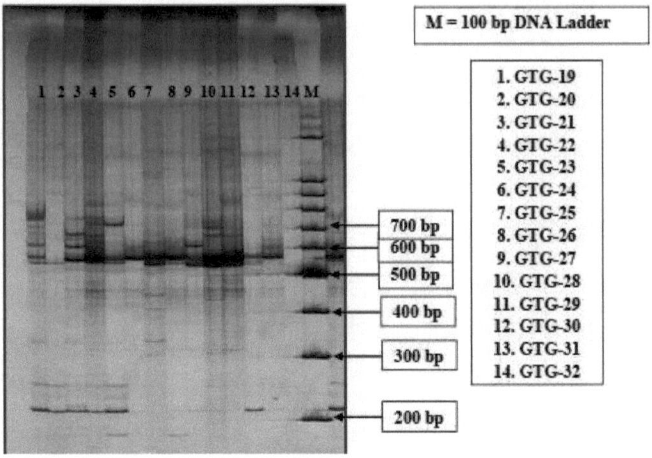

Figura 4.17: Perfil SSR do CIRAD1TeakG02 para genótipos de crescimento natural

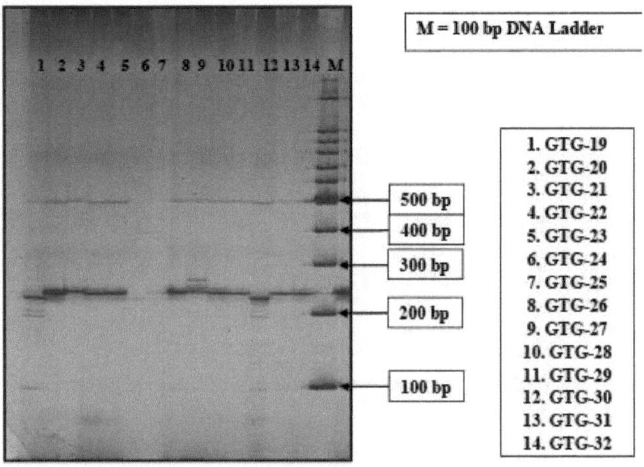

Figura 4.18: Perfil SSR de TR24647|c1_g2_i6 para genótipos de crescimento natural

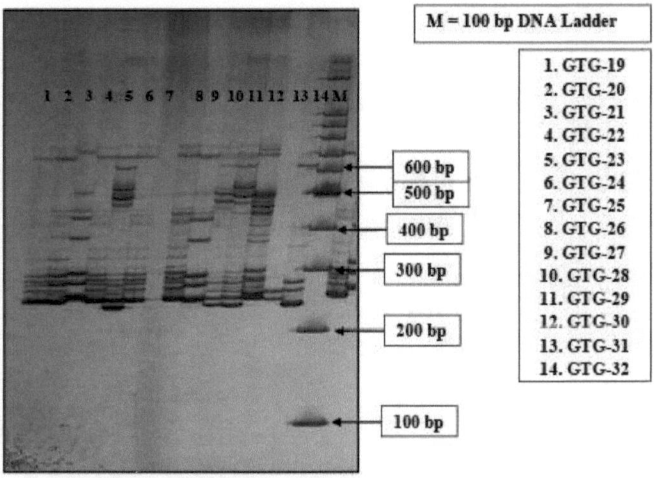

Figura 4.15: Perfil SSR do CIRAD1TeakF05 para genótipos de crescimento natural

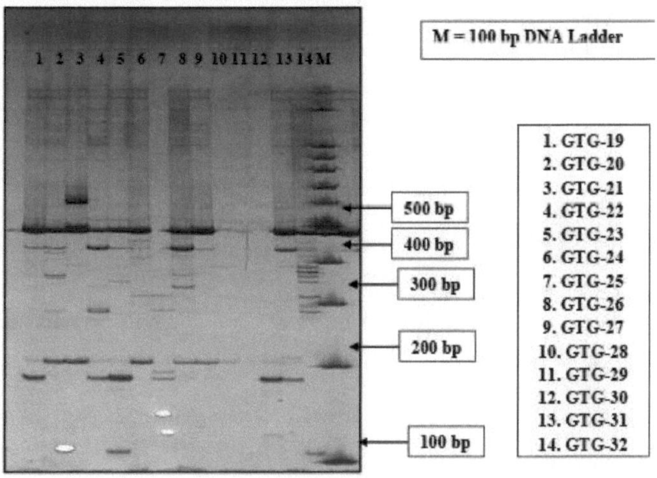

Figura 4.16: Perfil SSR do CIRAD4TeakF02 para genótipos de crescimento natural

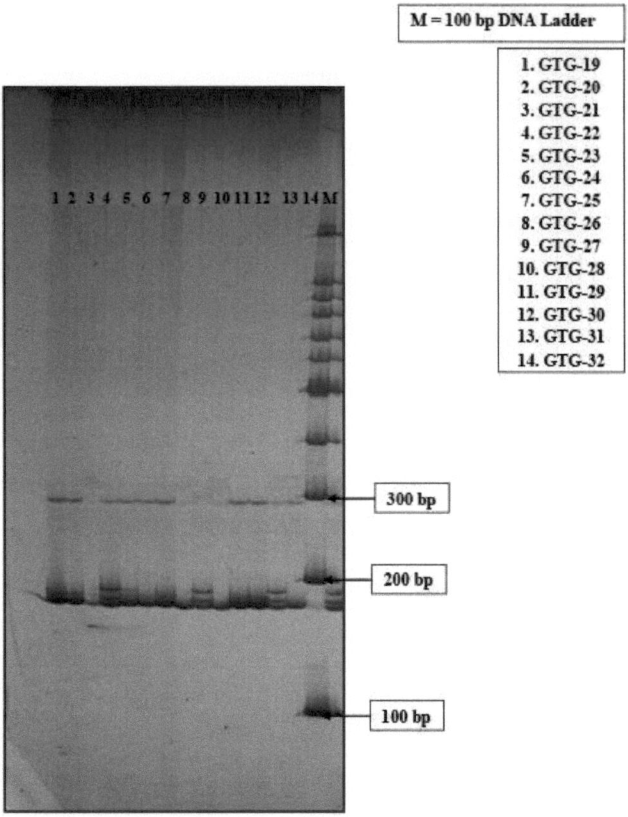

Figura 4.19: Perfil SSR de TR31610|c0_g1_i1 para genótipos de crescimento natural

CAPÍTULO 5

RESUMO
E
CONCLUSÕES

5. RESUMO E CONCLUSÃO S

O presente estudo, intitulado "Análise da diversidade genética da teca (*Tectona grandis* L.) utilizando marcadores fenotípicos e moleculares", foi realizado no Departamento de Biotecnologia Agrícola da Universidade Agrícola de Anand, em Anand. Os resultados obtidos neste estudo são resumidos da seguinte forma:

Dos 18 genótipos de pomares de sementes, a caraterização fenotípica foi realizada apenas para quatorze genótipos devido à mesma faixa etária. O diâmetro médio à altura do peito (DAP) dos genótipos de pomares de sementes foi de 2,7 ± 0,3 pés. O genótipo GTG-5 apresentou o maior DAP de 4,1 pés, enquanto o GTG-1 apresentou o DAP mínimo de 1,28 pés. A altura média do tronco (BH) dos genótipos de pomares de sementes foi de 12,5 ± 1,0 ft. O genótipo GTG-6 apresentou a maior BH de 19,3 ft, enquanto GTG-2 e GTG-3 apresentaram a mínima BH de 8,2 ft. A média da extensão média da copa (ACS) dos genótipos de pomares de sementes foi de 33,3 ± 2,4 ft. O genótipo GTG-8 apresentou a maior ACS de 43,3 ft, enquanto GTG-1 apresentou a mínima ACS de 13,9 ft.

Em quatorze genótipos de crescimento natural, o diâmetro médio à altura do peito (DAP) foi de 3,2 ± 03 pés. O genótipo GTG-32 apresentou o maior DAP de 4,7 pés, enquanto o GTG-19 apresentou o DAP mínimo de 1,27 pés.O genótipo GTG-32 apresentou a maior altura do tronco de 46,9 pés, enquanto o GTG-21 apresentou a altura do tronco mínima de 13,4 pés.

Na presente investigação, observou-se um DAP mais elevado para os genótipos de crescimento natural, com o valor médio de 3,2 pés, enquanto os genótipos de pomares de sementes apresentaram um DAP mais baixo, com o valor médio de 2,7 pés.7 ft while, GTG-1 from Panchmahal and GTG-3 from Kheda of seed orchard genotypes showed lowest DBH with value of 1.3 ft. CV% for DBH was higher in natural growing genotypes with the value of 36.9% while, seed orchard genotypes showed lower CV% with the value of 35%. A BH (Bole height) foi mais elevada nos genótipos de pomares de sementes, com um valor médio de 12,5 pés, ao passo que os genótipos de crescimento natural apresentaram uma BH mais baixa, com um valor médio de 10,8 pés. O GTG-6 dos genótipos de pomares de sementes do distrito de Anand apresentou a BH mais elevada, com um valor de 19,3 pés, ao passo que o GTG-25 dos genótipos de crescimento natural de Kheda apresentou a BH mais baixa

O CV% para BH foi mais alto nos genótipos de crescimento natural, com o valor de 33,1%, enquanto os genótipos de pomar de sementes apresentaram CV% mais baixo, com o valor de 29,7%. O ACS (Average crown spread) foi mais elevado nos genótipos de pomares de sementes, com um valor médio de 33,3 pés, enquanto os genótipos de crescimento natural apresentaram um ACS mais baixo, com um valor médio de 32,5 pés.9 pés, enquanto que o GTG-21 dos genótipos de crescimento natural de Panchmahal apresentou o valor mais baixo de ACS, com um valor de 4,4 pés. O CV% para ACS foi mais elevado nos genótipos de crescimento natural, com um valor de 30,5%, enquanto que os genótipos de pomar de sementes apresentaram um CV% mais baixo, com um valor de 26,5%.

No total, foram identificadas 28 árvores de controlo de teca em toda a região central de Gujarat. As árvores de controlo selecionadas apresentavam uma expressão fenotípica notável no que respeita aos parâmetros selecionados. Das 28 árvores de controlo, 15 foram selecionadas como árvores candidatas "plus" com base na percentagem de superioridade.

Dos sessenta e cinco iniciadores SSR selecionados na presente investigação, treze iniciadores SSR apresentaram uma amplificação robusta. Desses treze iniciadores, cinco iniciadores produziram um padrão polimórfico, enquanto oito iniciadores produziram um padrão

monomórfico. Foi detectado um total de 59 alelos entre 32 genótipos de teca. O número médio de alelos por locus foi de 4,54, com uma variação de 1 (TR30663|c0_g1_i1) a 13 (CIRAD1TeakG02). O tamanho molecular dos produtos de PCR amplificados variou de 113 pb (TR23177|c0_g3_i1) a 592 pb (CIRAD1TeakG02). A frequência alélica maior variou de 0,16 a 1,00. O nível mais alto de diversidade genética foi observado para o primer CIRAD1TeakG02 0,90, enquanto o mínimo foi 0,00 para 8 primers, com valor médio de diversidade genética de 0,33. A heterozigosidade variou amplamente de 0,00 a 0,38 com uma média de 0,04. No presente estudo, os valores de PIC para marcadores SSR variaram de 0,00 a 0,89. No entanto, foram observados 5 marcadores mais informativos que apresentaram PIC superior a 0,5. Os valores do coeficiente de similaridade variaram de 0,08 a 0,39 com uma média de 0,24. GTG-20 mostrou similaridade genética máxima (0,39) com GTG-1, GTG-2, GTG-3, GTG-4, GTG-5, GTG-6, GTG-7, GTG-8, GTG-9, GTG-10, GTG-11 e GTG-14; enquanto GTG-29 mostrou similaridade genética mínima (0,08) com os genótipos GTG-26 e GTG-28. Trinta e dois genótipos de teca foram agrupados em três grupos principais A, B e C com 14, 9 e 9 genótipos, respetivamente. O grupo principal A foi ainda dividido em dois subgrupos A1 (6 genótipos) e A2 (8 genótipos). O grupo B também foi constituído por três subgrupos B1 (2 genótipos), B2 (1 genótipo) e
B3 (6 genótipos). O grupo C era também constituído por três subgrupos C1 (2 genótipos) e C2 (7 genótipos). O padrão de agrupamento mostrou uma diferenciação entre genótipos de pomares de sementes e genótipos de crescimento natural. O grupo principal A continha todos os 14 genótipos de crescimento natural. Os grupos principais B e C continham 18 genótipos de pomares de sementes.

Dezoito genótipos de teca de pomar de sementes apresentaram valores de coeficiente de similaridade que variaram de 0,08 a 0,39 com uma média de 0,24. O GTG-14 apresentou a máxima similaridade genética (0,39) com o GTG-1 e o GTG-7; enquanto o GTG-18 apresentou a mínima similaridade genética (0,08) com os genótipos GTG-15 e GTG-17. Dezoito genótipos de teca de pomares de sementes foram agrupados em dois grupos principais A e B com 9 e 9 genótipos, respetivamente. O grupo principal A foi ainda dividido em três subgrupos A1 (2 genótipos), A2 (1 genótipo) e A3 (6 genótipos). O grupo B também era constituído por dois subgrupos B1 (2 genótipos) e B2 (7 genótipos).

Catorze genótipos de teca de crescimento natural apresentaram valores de coeficiente de similaridade que variam de 0,08 a 0,39 com uma média de 0,24. O GTG-32 mostrou uma similaridade genética máxima (0,39) com o GTG-19, GTG-20, GTG-21, GTG-22 e GTG-24; enquanto o GTG-29 mostrou uma similaridade genética mínima (0,08) com os genótipos GTG-26 e GTG-28. Catorze genótipos de teca de crescimento natural foram agrupados em dois grupos principais A e B com 6 e 8 genótipos, respetivamente. O grupo principal A foi ainda dividido em dois subgrupos A1 (3 genótipos) e A2 (3 genótipos). O grupo B também foi constituído por dois subgrupos B1 (3 genótipos) e B2 (5 genótipos).

Em 18 genótipos de pomares de sementes com 11 iniciadores SRAP, a análise revelou que o iniciador Me2 + Em3 apresentou o polimorfismo mais baixo, ou seja, (60%). O tamanho molecular dos produtos SRAP amplificados variou de 98 pb a 1008 pb. O valor médio de PIC para os primers SRAP foi de 0,26. O valor PIC mais elevado obtido foi de 0,43 e o valor PIC mais baixo foi de 0,08. Os iniciadores Me3 + Em3, Me2 + Em4, Me5 + Em2 e Me2 + Em3 amplificaram o máximo de loci 5. Enquanto que o iniciador Me2 + Em6 amplificou o mínimo de 2 loci. Dos 11 marcadores SRAP, a combinação Me3 + Em2 apresentou um índice de primers máximo de 1,72, enquanto o poder de resolução foi mais elevado para Me2 + Em3

(RP = 8,11). O GTG 15 apresentou similaridade genética máxima (0,92) com o GTG-16; enquanto a similaridade genética mínima (0,14) foi exibida entre os genótipos GTG-5 e GTG-9. O dendrograma construído usando os dados agrupados mostrou que o agrupamento principal A tinha apenas 1 genótipo (GTG-5) e o agrupamento principal B tinha 17 genótipos. O grupo principal B foi dividido em dois subgrupos B1 (2 genótipos) e B2 (15 genótipos).

Enquanto em 14 genótipos de crescimento natural, a análise de 11 iniciadores SRAP revelou que o iniciador Me2 + Em3 apresentou o polimorfismo mais baixo, ou seja, (80%). O tamanho molecular dos produtos SRAP amplificados variou de 98 a 1008 pb. O valor médio de PIC para os primers SRAP foi de 0,41. O valor PIC mais elevado obtido foi de 0,49 e o valor PIC mais baixo foi de 0,32. Os iniciadores Me3 + Em3 e Me2 + Em3 amplificaram o máximo de loci 5. Enquanto que o iniciador Me2 + Em6 amplificou o mínimo de 2 loci. Dos 11 marcadores SRAP, a combinação Me5 + Eml apresentou um índice de primer máximo de 1,91, enquanto o poder de resolução foi mais elevado para Me3 + Em3 (RP = 6,71). O GTG 22 apresentou similaridade genética máxima (0,87) com o GTG 19; enquanto a similaridade genética mínima (0,14) foi exibida entre os genótipos GTG 26 e GTG 21. O coeficiente médio de similaridade entre os genótipos foi de 0,70. O dendrograma construído usando os dados agrupados mostrou que o agrupamento principal A tinha apenas 1 genótipo (GTG-21) e o agrupamento principal B tinha 13 genótipos. O grupo principal B foi dividido em dois subgrupos B1 (2 genótipos) e B2 (11 genótipos).

Para 18 genótipos de pomares de sementes, os marcadores SRAP com 11 iniciadores arbitrários produziram um número mais elevado de 43 loci totais, enquanto para 14 genótipos de crescimento natural produziram um número mais baixo de 40 loci totais. Para os genótipos de pomares de sementes, dos 43 loci produzidos, 41 eram polimórficos, pelo que a percentagem total de polimorfismo foi de 95,3%, inferior à dos genótipos de crescimento natural; para os genótipos de crescimento natural, dos 40 loci produzidos, 39 eram polimórficos, pelo que a percentagem total de polimorfismo foi de 97,5%. O número médio de loci por iniciador e o número médio de loci polimórficos obtidos por iniciador foram superiores para os genótipos de pomares de sementes, com valores de 3,9 e 3,7, respetivamente, enquanto o número médio de loci por iniciador e o número médio de loci polimórficos obtidos por iniciador foram inferiores, com valores de 3,6 e 3,5, respetivamente, para os genótipos de crescimento natural. Tanto os genótipos de pomares de sementes como os genótipos de crescimento natural amplificaram produtos de PCR que variaram entre 98 pb (Me2 + Em6) e 1005 pb (Me2 + Em5) para a mesma combinação de iniciadores. Os genótipos de pomares de sementes apresentaram um polimorfismo inferior a 95%, enquanto os genótipos de crescimento natural apresentaram um polimorfismo superior a 98%. Para os genótipos de pomares de sementes, os valores de PIC variaram entre 0,08 (Me2 + Em3) e 0,43 (Me3 + Em2) com um valor médio de PIC de 0,26, enquanto para os genótipos de crescimento natural os valores de PIC variaram entre 0,32

(Me2 + Em5) a 0,49 (Me2 + Em40) com um valor médio de 0,41, que foi superior ao dos genótipos de pomar de sementes. Nos genótipos de pomares de sementes, quatro iniciadores geraram o máximo de loci 5, enquanto nos genótipos de crescimento natural duas combinações de iniciadores geraram o máximo de loci 5. Enquanto a combinação de iniciadores Me2 + Em6, tanto nos genótipos de pomares de sementes como nos genótipos de crescimento natural, amplificou um mínimo de 2 loci. Nos genótipos de pomares de sementes, o índice de primers foi mais baixo, com um valor de 1,72, enquanto os genótipos de crescimento natural apresentaram um índice de primers mais elevado, com um valor de 1,91.

O poder de resolução dos genótipos de pomares de sementes foi superior, com um valor de 8,11, enquanto os genótipos de crescimento natural apresentaram um poder de resolução inferior, com um valor de 6,71. Para os genótipos de pomares de sementes, os valores do coeficiente de semelhança, que variaram entre 0,19 e 0,92, com um coeficiente médio de semelhança de 0,55, foram significativamente superiores aos dos genótipos de crescimento natural, cujos valores do coeficiente de semelhança variaram entre 0,15 e 0,88, com um coeficiente médio de semelhança de 0,51.

Assim, concluímos que a semelhança genética é mais elevada nos genótipos de pomares de sementes do que nos genótipos de crescimento natural. O marcador SSR deu melhores resultados do que o SRAP com base no valor PIC e na correlação cofenética.

Conclusões:

1. A análise da diversidade genética efectuada com marcadores SSR e SRAP revelou que estes marcadores podiam detetar um elevado nível de polimorfismo em todos os genótipos de teca.
2. A análise de correlação cofenética revelou que o dendrograma gerado pelos dados moleculares SSR agrupados se ajustava muito bem, em comparação com o dendrograma gerado pelos marcadores SRAP.
3. A matriz de similaridade revelou a presença de uma base genética mais ampla nos genótipos de teca, o que pode ser atribuído à seleção feita a partir de diferentes locais.
4. A análise dos genótipos de teca com base nos marcadores SSR e SRAP no presente estudo revelou que os genótipos recolhidos em diferentes locais no centro de Gujarat tinham uma ampla base genética, que poderia ser explorada para o desenvolvimento de árvores melhoradas através da seleção assistida por marcadores.
5. A seleção dos CPT é o primeiro passo para a obtenção de material para o desenvolvimento e a plantação de pomares de sementes de fenótipos superiores.
6. As progénies de CPTs selecionadas podem ser diretamente utilizadas para criar pomares de sementes de plântulas de alta produção de madeira (SSO) ou pomares de sementes clonais (CSO) pelo departamento florestal ou pelos agricultores individuais que cultivam teca. Estas árvores candidatas podem também ser utilizadas no programa de melhoramento da teca para um maior enriquecimento genético do germoplasma de teca.

CAPÍTULO 6

REFERÊNCIAS
E
BIBILOGRAFIA

REFERÊNCIAS

Aghaei, Z., Talebi, M. & Rahimmalek, M. (2017). Avaliação da diversidade genética dentro e entre espécies de sálvia (*Salvia*) usando marcadores SRAP. *Recursos Genéticos Vegetais*, 15(3), 279-282.

Ahmad, R., Potter, D. & Southwick, S. M. (2004). Genotipagem de cultivares de pêssego e nectarina com marcadores moleculares SSR e SRAP. *Journal of the American Society for Horticultural Science*, 129(2), 204-210.

Alcântara, B. K. & Veasey, E. A. (2013). Diversidade genética de teca (*Tectona grandis* L.) de diferentes procedências utilizando marcadores microssatélites. *Revista Árvore*, 37(4), 747-758.

Ansari, S. A., Narayanan, C., Wali, S. A., Kumar, R., Shukla, N., Kumar, S. R. & Dar, G. H. (2012). Marcadores ISSR para análise da diversidade molecular e estrutura genética de populações de teca indiana (*Tectona grandis* L.). *Anais da investigação florestal*, 55(1), 3.

Balasundaran, M., Indira, E. P. & Nazeem, P. A. (2010). Estudos sobre a diversidade genética da teca utilizando marcadores AFLP. Relatório de investigação do Instituto de Investigação Florestal de Kerala, (339), 34.

Beckmann, J. S. & Weber, J. L. (1992). Survey of human and rat microsatellites. Genomics, 12(4), 627-631.

Bhatt, J., Kumar, S., Patel, S. & Solanki, R. (2017). Análise da diversidade genética de genótipos de cominho com base em marcadores de polimorfismo amplificado relacionado à sequência (SRAP). *Anais da Ciência Agrária*, 15(4), 434-438.

Botstein, D., White, R. L., Skolnick, M., & Davis, R. W. (1980). Construction of a genetic linkage map in man using restriction fragment length polymorphisms. *American Journal of Human Genetics*, *32*(3), 314.

Cameron, A. L. (1966). Genetic improvement of teak in New Guinea (Melhoramento genético da teca na Nova Guiné). *Australian Forestry*, 30(1), 76-87.

Chaix, G., Monteuuis, O., Garcia, C., Alloysius, D., Gidiman, J., Bacilieri, R. & Goh, D. K. (2011). Variação genética nos principais traços fenotípicos entre diversas origens genéticas da teca (*Tectona grandis* L.) plantada em Taliwas, Sabah, Malásia Oriental. *Anais da Ciência Florestal*, 68(5), 1015.

Changtragoon, S. & Szmidt, A. E. (2000). Genetic diversity of teak (*Tectona grandis* Linn. f.) in Thailand revealed by random amplified polymorphic DNA (RAPD). Grupo de trabalho da IUFRO, 2(01), 82-83.

Chauhan, S. & Gera, M. (2012). Seleção de árvores candidatas de espécies agroflorestais comercialmente importantes em Punjab. *Indian Journal of Forestry*, 35(2), 135-142.

Direção-Geral de Informação Comercial e Estatística, Relatório Anual (2013), http://www.dgciskol.nic.in/annual_report.asp

Doyle, J. J. (1990). Isolamento de ADN de plantas a partir de tecido fresco. Focus, 12, 13-15.

Ferriol, M., Pico, B. & Nuez, F. (2003). Diversidade genética de uma coleção de germoplasma de *Cucurbita pepo* utilizando marcadores SRAP e AFLP. *Genética Teórica e Aplicada*, 107(2), 271-282.

Finkeldey, R. e Hattemer, H.H. (2007). *Tropical forest genetics* (p. 315). Berlin: Springer.

Fofana, I. J., Ofori, D., Poitel, M. & Verhaegen, D. (2009). Diversidade e estrutura genética da teca (*Tectona grandis* L.) na sua área natural utilizando marcadores de microssatélites de ADN. *Novas florestas*, 37(2), 175-195.

Fofana, I. J., Silue, S., Diarrassouba, N., Kadio, A. A. & Sangare, A. (2013). Análises comparativas do polimorfismo de comprimento de fragmento amplificado (AFLP) e repetição de sequência simples (SSR) na diversidade genética da Teca (*Tectona grandis* L.). *Revista Internacional de Avanço Pesquisa Agrícola,* 1, 114-23.

Gailing, O. & Finkeldey, R. (2016). Diversidade genética e estrutura de teca (*Tectona grandis* L. f.) e dahat (*Tectona hamiltoniana* Wall.) com base em microssatélites de cloroplasto e marcadores de polimorfismo de comprimento de fragmento amplificado. *Genetic Resources and Crop Evolution*, 63(6), 961-974.

Gera, M., Gera, N. & Sharma, S., (2001). Estimation of Variability in Growth Characters of Forty Clones of *Tectona gralvdis* L F. *Indian Forester*, 127(6), 639-644.

Gill, B. S., Bedi, Y. S., & Bir, S. S. (1983). Cytopalynological studies in woody members of family Verbenaceae from north-west and central India. *Journal of Indian Botanical Society*, 62, 235-244.

Goldman, D., & Merril, C. R. (1982). Silver staining of DNA in polyacrylamide gels: linearity and effect of fragment size. *Electrophoresis*, *3*(1), 24-26.

Gyi, K.K. & Tint, K., (1998). Estado de gestão das florestas naturais de teca. Publicação RAP (FAO).

Hansen, O. K., Changtragoon, S., Ponoy, B., Kj^r, E. D., Finkeldey, R., Nielsen, K. B. & Graudal, L. (2015). Recursos genéticos da teca (*Tectona grandis* L.) forte estrutura genética entre populações naturais. *Genética de Árvores e Genomas*, 11(1), 116.

Huang, G. H., Liang, K. N., Zhou, Z. Z. & Ma, H. M. (2016). Genotipagem SSR - diversidade genética e impressão digital de clones de teca (*Tectona grandis* L.). *Journal of Tropical Forest Science*, 48-58.

Kant, A., Dutt, V. & Sharma, D. R. (2006). Variabilidade genética em caracteres fenotípicos de *Pinus gerardiana*. *Indian Forester*, 132(6), 681-690.

Kantety, R. V., La Rota, M., Matthews, D. E. & Sorrells, M. E. (2002). Data mining for simple sequence repeats in expressed sequence tags from barley, maize, rice, sorghum and wheat. *Plant Molecular Biology*, 48(5), 501-510.

Kaushik, N., Deswal, R. P. S., Malik, S. & Kumar, K. (2015). Variação genética e estimativa de herdabilidade em progênies *de Jatropha curcas* L. para rendimento de sementes e caraterísticas vegetativas. *Journal of Applied and Natural Science*, 7(2), 567-573.

Kjaer, E.D. e Foster, G.S., (1996). A economia do melhoramento de árvores de teca (*Tectona grandis* L.). Centro de Sementes Florestais de Danida.

Kjaer, E.D., Kaosa-ard, A. & Suangtho, V., (2000). Domesticação da teca através do melhoramento das árvores. Opções, possíveis ganhos e factores críticos. Local, tecnologia e produtividade das plantações de teca. Publicação FORSPA, (24), 161-189.

Kokutse, A. D., Adjonou, K., Kokou, K. & Gbeassor, M. (2009). Desempenho comparativo da teca da Tanzânia versus teca local plantada no Togo. *Bois et Forêts des Tropiques*, (302), 43-52.

Kokutse, A.D., Akpenè, A.D., Monteuuis, O., Akossou, A., Langbour, P., Guibal, D., Tomazello Filho, M., Gbadoé, E., Chaix, G. e Kokou, K., (2016). Seleção de árvores Plus para variedades de teca geneticamente melhoradas produzidas no Benim e no Togo. *Bois et Forêts des Tropiques*, (328), pp.55-66.

Kollert, W. e Cherubini, L., (2012). Avaliação dos recursos e do mercado da teca em 2010. *Documento de trabalho da FAO sobre florestas plantadas e árvores FP/47/E, Roma*, 206.

Kumar, A., Chawhaan, P. H. & Matharoo, A. K. (2003). Melhoria através da seleção de

árvores mais em *Gmelina arborea*. *Journal of Tropical Forest Science*, 441-449.
Lal, P., 2007. Productivity of clonal plantations in northern India (Produtividade das plantações clonais no norte da Índia). *Indian Forester*, 133(8), 1014-1019.
Litt, M. & Luty, J. A. (1989). A hypervariable microsatellite revealed by in vitro amplification of a dinucleotide repeat within the cardiac muscle actin gene. *American Journal of Human Genetics*, 44(3), 397.
Liu, K. e Muse, S.V., (2005). PowerMarker: um ambiente de análise integrado para a análise de marcadores genéticos. *Bioinformatics*, 21(9), pp.2128-2129.
Lwin, O., Hyun, J. O. & Yahya, A. F. (2010). Avaliação dos testes de proveniência da teca (*Tectona grandis* L.) na região de Bago Yoma, Myanmar. *Jornal da Sociedade Florestal Coreana*, 99(5), 686-692.
Lyngdoh, N., Gunaga, R. P., Joshi, G., Vasudeva, R., Ravikanth, G., & Shaanker, R. U. (2012). Influência da distância geográfica e da dissimilaridade genética entre clones na sincronia de floração num pomar de sementes clonais de teca (*Tectona grandis* Linn. f). *Silvae Genetica*, *61*(1-6), 10-18.
Lyngdoh, N., Joshi, G., Ravikanth, G., Vasudeva, R. & Shaanker, R. U. (2013). Mudanças nos parâmetros de diversidade genética em populações não melhoradas e melhoradas de teca (*Tectona grandis* L.) no estado de Karnataka, Índia. *Journal of Genetics*, 92(1), 141145.
Mahesh, S., Vaishnav, V., Kumar, P., Mohammad, N. & Ansari, S.A. (2016). Caracterização e validação de rametes de teca mais árvores do banco nacional de germoplasma de teca através de microssatélites. *Tropical Plant Research* 3(1): 213-220.
Narayanan, C., Dubey, S., Wali, S. A., Shukla, N., Kumar, R., Mandal, A. K. & Ansari, S. A. (2006). Otimização da extração de ADN para estudos ISSR em *Tectona grandis* L., uma importante espécie de árvore florestal. *Jornal Africano de Biotecnologia*, 5(13).
Navhale, V.C., Sonone, N.G., Jangam, P.S., Jadhav, S.T. e Bhave, S.G. (2011). Nota de investigação Variabilidade genética e seleção de árvores candidatas em chebulic myrobalan (*Terminalia chebula retz.*). *Revista eletrónica de melhoramento de plantas,* 2(1), pp.157-163.
Nelson, R.L., Cregan, P., Boerma, H.R., Carter, T.E., Quigley, C.V., Welsh, M.M., Alvernaz, J. & Mian, R., (1998). Diversidade de marcadores de DNA entre cultivares modernas de soja chinesa e japonesa da América do Norte. Em Agronomy Abstracts (p. 164).
Nicodemus, A., Nagarajan, B., Narayanan, C., Varghese, M. & Subramanian, K. (2003). Variação RAPD em populações de teca indiana e suas implicações para a reprodução e conservação. In Proceedings of the international conference on quality timber products of teak from sustainable forest management. *Peechi, Índia* (Vol. 25).
Palanisamy, K., Gireesan, K., Nagarajan, V. & Hegde, M. (2008). Utilização efectiva do pomar de sementes clonais de teca e produção de material de plantação melhorado. *Indian Forester*, 134(7), pp.977-980.
Paray, P. A., Bhat, S. J. A., Bhat, A. & Parrey, A. A. (2017). Seleção de árvores candidatas Plus de *Salix alba - uma* espécie de árvore multiuso. *Revista Internacional de Biociência Pura e Aplicada*, 5(2), 387-395.
Perrier, X., (2003). Análise e representação de dissimilaridade para Windows (DARwin).
Powell, W., Machray, G. C. & Provan, J. (1996). Polimorfismo revelado por repetições de sequências simples. *Trends in Plant Science*, 1(7), 215-222.
Powell, W., Morgante, M., André, C., Hanafey, M., Vogel, J., Tingey, S. & Rafalski, A. (1996). A comparação de marcadores RFLP, RAPD, AFLP e SSR (microssatélites) para análise de germoplasma. *Molecular breeding*, 2(3), 225-238.

Prinz, K., & Finkeldey, R. (2014). Variação genética da teca (*Tectona grandis* Linn. f.) em Myanmar revelada por microssatélites. *Tree Genetics & Genomes*, 10(5), 1435-1449.

Raut, S.S., Narkhede, S.S., Bhave, S.G., Rane, A.D. & Gunaga, R.P., (2010). Identificação de árvores candidatas e variabilidade da fonte de sementes em *Pongamia pinnata* L. Pierre. *Journal of Tree Sciences*, 29(1&2).

Robarts, Daniel W. H. & Andrea D. Wolfe. (2014). "Marcadores de polimorfismo amplificado relacionado à sequência (SRAP): Um recurso potencial para estudos em biologia molecular de plantas". *Aplicações em Ciências Vegetais* 2.7.

Sachdev, S., Raychowdhury, M. K., & Sarkar, S. (2003). Human fast skeletal myosin light chain 2 cDNA: isolation, tissue specific expression of the single copy gene, comparative sequence analysis of isoforms and evolutionary relationships. *DNA Sequence*, *14*(5), 339-350.

Sambrook, J., Fritsch, E.F. & Maniatis, T., (1989). Composição do tampão de eletroforese. Molecular Cloning, a Laboratory Manual. Cold Sprig Harbor Laboratory Press, Nova Iorque-EUA, pp. 66-67.

Sharma, H. K., Sarkar, M., Choudhary, S. B., Kumar, A. A., Maruthi, R. T., Mitra, J. & Karmakar, P. G. (2016). Análise da diversidade baseada em caraterísticas agro-morfológicas e marcadores baseados em microssatélites em colecções globais de germoplasma de rosela (*Hibiscus sabdariffa* L.). *Industrial Crops and Products*, 89, 303-315.

Shrestha, M. K., Volkaert, H. & Straeten, D. V. D. (2005). Assessment of genetic diversity in *Tectona grandis* L. using amplified fragment length polymorphism markers. *Canadian Journal of Forest Research*, 35(4), 1017-1022.

Singh, H. S., (2013). Riqueza das árvores nas zonas não florestais de Gujarat. Árvores fora da floresta (TOF) - Terceira contagem de árvores-2013. Departamento Florestal de Gujarat, Gandhinagar.

Sreekanth, P. M., Balasundaran, M. & Nazeem, P. A. (2014). Variação genética e morfológica em populações naturais de teca (*Tectona grandis* L.) dos Ghats Ocidentais no sul da Índia. *Journal of Forestry Research*, 25(4), 805-812.

Tangmitcharoen, S. & Owens, J. N. (1997). Biologia floral, polinização, pistilo, recetividade e crescimento do tubo polínico da teca (*Tectona grandis* L.). *Annals of Botany*, 79(3), 227-241.

Tautz, D. (1989). Hypervariability of simple sequences as a general source for polymorphic DNA markers. *Nucleic Acids Research*, 17(16), 6463-6471.

Tewari, D. N. (1992). Uma monografia sobre a teca (*Tectona grandis* L.). Distribuidores internacionais de livros.

Vaishnaw, V., Mohammad, N., Wali, S. A., Kumar, R., Tripathi, S. B., Negi, M. S. & Ansari, S. A. (2014). Marcadores AFLP para análise da diversidade genética e estrutura da teca (*Tectona grandis* L.) na Índia. *Jornal Canadiano de Investigação Florestal,* 45(3), 297-306.

Varghese, M., Nicodemus, A., Nagarajan, B. & Lindgren, D. (2006). Impacto da variação da fertilidade na diversidade genética e na deriva em dois pomares de sementes clonais de teca (*Tectona grandis* L.). *New Forests*, 31(3), 497-512.

Varshney, R. K., Chabane, K., Hendre, P. S., Aggarwal, R. K. & Graner, A. (2007). Comparative assessment of EST-SSR, EST-SNP and AFLP markers for evaluation of genetic diversity and conservation of genetic resources using wild, cultivated and elite barleys. *Plant Science*, 173(6), 638-649.

Verhaegen, D., Fofana, I.J., Logossa, Z.A. e Ofori, D., (2010). Qual é a origem genética da teca (*Tectona grandis* L.) introduzida em África e na Indonésia? *Genética de Árvores e Genomas*, 6(5), 717-733.

Verhaegen, D., Ofori, D., Fofana, I., Poitel, M. & Vaillant, A. (2005). Desenvolvimento e caraterização de marcadores de microssatélites em *Tectona grandis* L. *Molecular Ecology Notes*, 5(4), 945-947.

Weber, J.L. & May, P.E., 1989. Classe abundante de polimorfismos do ADN humano que podem ser tipados utilizando a reação em cadeia da polimerase. *American Journal of Human Genetics*, 44(3), p.388.

Wellendorf, H. & Kaosa-ard, A. (1988). Estratégia de melhoramento da teca na Tailândia. *Melhoramento de árvores florestais.*

White, W. B. (1995). Conceção de um sistema de observação global para a variabilidade da temperatura do oceano superior à escala dos giros. *Progress in Oceanography*, 36(3), 169-217.

MIX
Papier aus verantwortungsvollen Quellen
Paper from responsible sources
FSC® C105338

Printed by Books on Demand GmbH, Norderstedt / Germany